Man's Cut

실전 남성커트 & 이용사 실기 실습서

최은정 · 진영모 공저

光文閣
www.kwangmoonkag.co.kr

머리말

산업 현장에서 남성 고객들에게 가장 많이 시술되고 있는 남성커트는 모발에 가위와 빗, 바리캉을 이용하여 조형적으로 아름다운 형태를 디자인하는 것으로 고객이 원하는 외적 욕구에 따른 모발의 특성과 신체적인 특징을 파악한 후 트렌드를 반영하여 시술해야만 한다. 이러한 디자인을 표현하기 위해서는 기본에 충실해야만 가능할 수 있다.

남성커트의 입문이 이론과 실기를 함께 습득하는 단계라면 기초과정 이후 이론을 바탕으로 실기 능력을 향상시키는데 집중훈련이 필요하다. 여기에는 테크닉과 기본형의 조합 방법, 디자인 연출력이 연계되어야 한다.

본 교재의 제1장에서는 이론편으로 이용의 역사, 이용 도구 사용 방법, 남성커트의 개념 및 기술, 2장은 실기편으로 남성커트의 기본 스타일과 응용 스타일로 구성되어 있으며, 3장에서는 이용사 자격증 취득을 위한 조발술, 아이론, 정발술, 이용사 시험정보가 수록되어 있다.

교재의 내용에는 남성커트의 기본부터 시작해 다양한 헤어스타일을 디자인하기 위한 도해도 분석 후 시술 절차에 따라 커트할 수 있도록 되어 있고, 이용사 자격증 실기시험을 준비를 할 수 있도록 구성되어 있다.

남성커트의 기본과 응용 과정인 이 교재를 다 마치고 나면 다양한 커트를 시술하는 데 유용한 지침서기 될 수 있을 기리 믿으며, 기본적인 개념을 이해하고 남성커트에 대한 흥미와 관심을 가지고 기술을 습득하여 이 분야에 관심을 갖고 계신 분들에게 조금이나마 도움이 되었으면 한다.

끝으로 출간을 위해 심혈을 기울여주신 광문각출판사 박정태 회장님과 임직원님들께 진심으로 감사의 말씀을 드립니다.

2017년 2월 저자

MAN'S CUT

CONTENTS

Part 1 | 기본 이론

1. 이용의 역사 ········ 7
2. 이용 도구 ········ 11
3. 헤어커트의 개념 및 기술 ········ 23

Part 2 | 남성커트 실기

1. 남성커트 기본 스타일
   1) 상상고 스타일 ········ 45
   2) 중상고 스타일 ········ 49
   3) 미용 라운드 스포츠 스타일 ········ 53
   4) 이용 스퀘어 스포츠 스타일 ········ 57
   5) 하조발 스타일 ········ 61
   6) 중발 스타일 ········ 65
   7) 장발 스타일 ········ 69
2. 남성커트 응용 스타일
   1) 인디 스타일 ········ 73
   2) 댄디 스타일 ········ 77
   3) 투블럭 스타일 ········ 81
   4) 모히칸 스타일 ········ 85

Part 3 | 이용사 실기시험

1. 조발술 ········ 91
2. 아이론 ········ 100
3. 정발술 ········ 109
4. 이용사 시험정보 ········ 115

MAN'S CUT

PART 1
기본 이론

CHAPTER

01 이용의 역사

MAN'S CUT MAN'S CUT MAN'S CUT MAN'S CUT MAN'S CUT MAN'S CUT MAN'S CUT MAN'S CUT MAN'S CUT

1. 한국의 이용

(1) 고대의 이용

① 상고 시대

긴 머리카락을 그대로 늘어뜨리는 피발이나 관례를 하지 않은 사내는 머리카락을 땋아 늘어뜨린 형태의 변발을 하였으며 남자들은 풀어헤친 상투 머리를 하여 신분에 따라 다양한 관모의 착용과 머리 모양을 하였다.

② 삼국 시대

머리 형태로 귀천의 차이를 나타냈으며 기혼이나 미혼을 구분하기 위하여 모발을 땋거나 상투를 틀었다. 관례를 올리지 않은 사내는 모발을 땋은 다음 검정 댕기를 사용하여 끝을 묶었다.

- 고구려 : 남자들은 보편적으로 상투 머리가 많았으며, 특히 집에서는 머리 좌우의 이마 가까이에 두 개의 상투를 틀어 올린 쌍상투를 하였다. 쌍상투는 머리숱이 많은 장년과 노년들 모두 즐겨하였다.
- 백제 : 머리카락을 길고 아름답게 가꾸는 마한의 전통을 계승하여 남자는 상투를 틀었다.
- 신라 : 영육일치(靈肉一致)사상의 영향으로 남녀 모두 외모에 대한 관심이 높았다. 고구려, 백제와 같은 수계식(상투)과 쌍상투를 하였으며, 대인은 상투를 소인은 결발(쪽을 찌거나 상투를 트는 머리 형태)를 하였다.

MAN'S CUT

③ 통일신라

삼국의 문화가 융합되어 머리 모양이 다양하고 화려했으며 신라 시대와 같은 머리 모양을 하였다.

④ 고려 시대

미혼 남녀는 머리를 묶고 나머지를 아래로 늘어뜨렸는데 여자는 홍라(紅羅)를 남자는 흑승(黑繩)으로 묶었으며, 기혼 남성의 경우 상투를 틀었다. 충렬왕 4년 이후 몽고의 영향으로 머리 모양이 바뀌게 되었으며 일부 남자들은 개체 변발(정수리 부분의 머리카락만 남겨 놓고 주변의 머리털을 깎아 나머지 모발을 땋아서 등 뒤로 늘어뜨리는 형태)를 하였다. 이후 본래의 수발 양식인 상투와 얹은머리로 되돌아갔다.

<상투>

<댕기 머리>

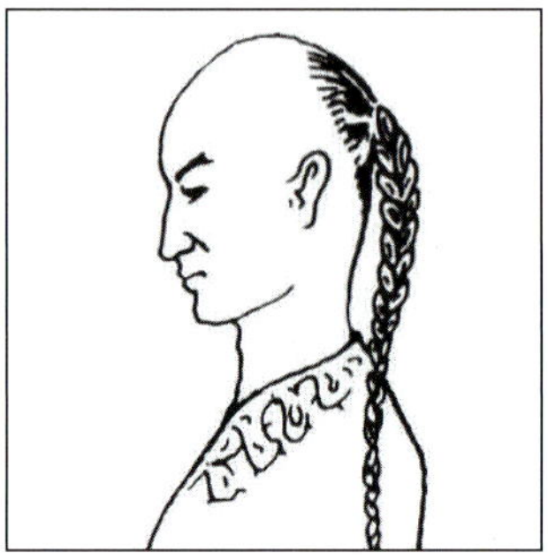
<개체 변발>

(2) 현대의 이용

① 1881년 신사유람단(조사시찰단)으로 일본에 건너간 서광범이 체류 중에 상투를 풀어 머리카락을 자른 것이 조선 최초의 기록이다.

② 1895년(고종 32년) 일본의 강요에 의해 고종에게 강제로 단발을 강요하였다. 11월 16일 고종은 "국민들에게 앞서 내가 먼저 단발하니 백성들은 내 뜻을 받들어 만국과 병립할 수 있는 대업을 성취케 하라."는 단발령을 공식적으로 공포하였다. 정병하에게 고종의 상투을 자르게 하고 유길준에게 왕자의 상투를 자르게 하였다.

③ 그 이후 대신들의 상투를 강제로 자른 다음 전국으로 체두관을 보내어 사람들에게 상투를 자르게 하였다.

④ 1900년경부터 신식 남자들은 서구식 양복 차림에 서구식 하이칼라 머리를 하였고 그 밖에는 빡빡 깎는 중머리를 하면서 상투 머리는 점점 사라지게 되었다.

⑤ 1901년 서양의 문물을 받아들이면서 인사동 조선극장 터에서 유양호가 '동흥 이발소'를 운영했으며, 광화문 부근에는 안종호가 '태성 이발소'를 개원하였다.

⑥ 우리나라 최초의 이발사 시험제도는 일본강점기(1923년)에 '야마모토'라는 일본인이 주축이 되어 최초의 강습회를 시작하여 그해 가을 처음으로 국가에서 시행하는 이발사 자격시험을 실시하게 되었다.

⑦ 1961년 12월 5일 「이용사법」이 제정 공포되었다. 윤보선 대통령이 공포한 이 법의 제정으로 이용 업무에 한 획을 긋는 제도적인 결실을 보게 되어 더욱 활성화되었으며, 1986년 5월 「공중위생법」이 공포되었다.

⑧ 1998년 남성 전용 미용실인 '블루 클럽'이 생겨났으며, 2013년 바버 숍이 생기면서 이용원이 활성화를 되찾았다.

<개화기의 상투와 단발>

<하이칼라>

<중머리>

2. 유럽의 이용

① 고대 이집에서는 머리카락을 자르거나 숱을 치는데 금, 은, 동으로 면도칼을 만들어 사용하였다.

② 로마 시대(B.C. 30년)에는 이발관에서 사람을 만나고 정보를 공유하며 사무를 처리하는 장소로 이용되었으며, 중세에는 천주교의 주교나 수도원 원장은 법률에 의해 주로 짧은 머리 형태를 하였다. 또한, 교권에 복종하는 의미로 삭발을 하였다.

③ 중세 시대에는 이발관에서 환자의 상처 치료와 일반 외과 업무를 병행했으며 이를 이발외과라 하였다. 근대에 들어서 이용사와 의사를 겸직하던 것을 1804년 장 바버(Jean Barber, 최초의 이용사)가 병원과 이용원을 완전 분리시키고 세계 최초의 이용원을 개원

하였다. 1981년 프랑스의 기계 제작회사인 바리캉 마르(Barriquand et Marre)제작소 에서 바리캉을 발명되었다.

④ 오늘날 이용원의 사인보드는 이용원과 외과에서 사용하던 청색(정맥), 적색(동맥), 백색(붕대)의 사인볼을 외과가 아닌 이용원에서 현재까지 사용하고 있다.

3. 이용의 정의

이용이란 복식 이외의 여러 가지 용모에 물리적, 화학적 기교를 행하는 것으로 손님의 머리카락과 수염을 깎거나 다듬는 등의 방법으로 손님의 용모를 단정하게 하는 것으로 정의하고 있다. 업무 범위는 보건복지부 장관의 이용사 면허를 받은 자로서 이발, 아이론, 면도, 머리 피부 손질, 머리카락 염색 및 머리 감기를 말한다.

CHAPTER

02 이용 도구

MAN'S CUT MAN'S CUT MAN'S CUT MAN'S CUT MAN'S CUT MAN'S CUT MAN'S CUT MAN'S CUT MAN'S CUT

MAN'S CUT

1. 가위(Scissors)

가위는 지레의 원리를 응용하여 만들어진 도구로서 커트 시술 시 가위의 선택은 개인적인 선호나 원하는 결과에 따라 다르게 선택한다.

(1) 종류

① 재질에 따른 분류

- 착강(着鋼) 가위 : 몸체 부분은 연질 강철, 날 부분은 특수 강철로 되어 있다.
- 전강(全鋼) 가위 : 전체가 특수 강철로 되어 있다.

② 사용 목적에 따른 분류

커트 가위는 모발을 커트하고 셰이핑하는데 사용하며 양날이 동일하게 매끄럽고 날카롭다.

- 장 가위 : 적게 잡고 얇게 조금씩 자를 때 적합하고 남성커트 시 사용된다.
- 단 가위 : 많이 잡고 두껍게 많이 자를 때 적합하다.
- 틴닝 가위 : 모발 숱을 감소시키거나 모발 끝을 부드럽게 나타내고자 할 때 사용된다.

(2) 가위 선택법 및 주의사항

① 두께가 얇고 허리가 견고한 것이 좋다.

② 양날의 견고함이 같아야 한다.

③ 가위가 도금된 것은 피하는 것이 좋다.

④ 몸체가 약간 굽은 것이 좋다.

⑤ 회전축(Pivot Point)의 잠금 나사가 느슨하지 않고 잘 조여진 것을 선택한다.

⑥ 손가락을 넣는 구멍이 시술자의 손가락에 적합해야 한다.

⑦ 시술 시 잡기 쉽고 조작하기 쉬운 것이 좋다.

■ 틴닝 가위(Thinning Scissors)의 종류

모량에 대해 부피를 줄이고 생동감을 만들거나 짧은 모발에 질감을 주기 위해 사용된다.

inch/ 가윗날의 발	특 징
1/8 inch (20발 이하)	가윗날의 간격이 1/8 inch 최소한의 모발을 제거하거나 테이퍼를 약간만 해주고자 할 때 사용된다.
1/16 inch (27-33발)	가윗날의 간격이 1/16 inch 중간 정도의 모발을 제거할 때 사용하며 이 기법은 무게를 줄여 주고 생동감을 준다.
1/32 inch (40발 이상)	가윗날의 간격이 1/32 inch 모발을 최대로 많이 제거하고자 할 때 사용된다.

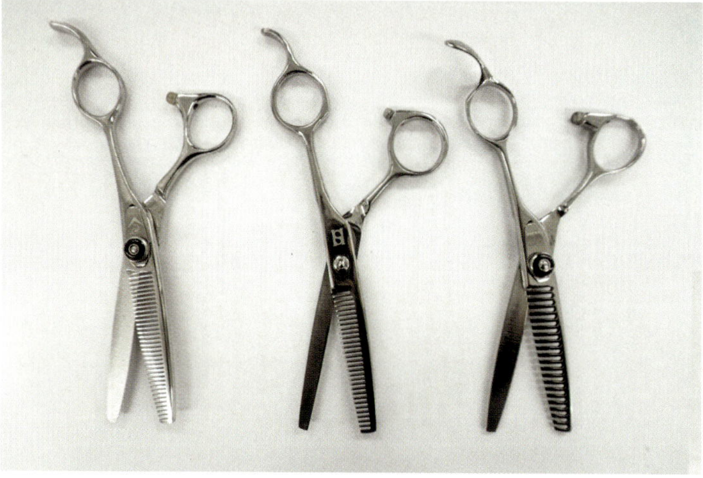

〈틴닝 가위의 종류〉

(3) 가위의 구조

가위는 유동날(동인)과 고정날(정인), 회전축(조임쇠)으로 구성되어 있다.

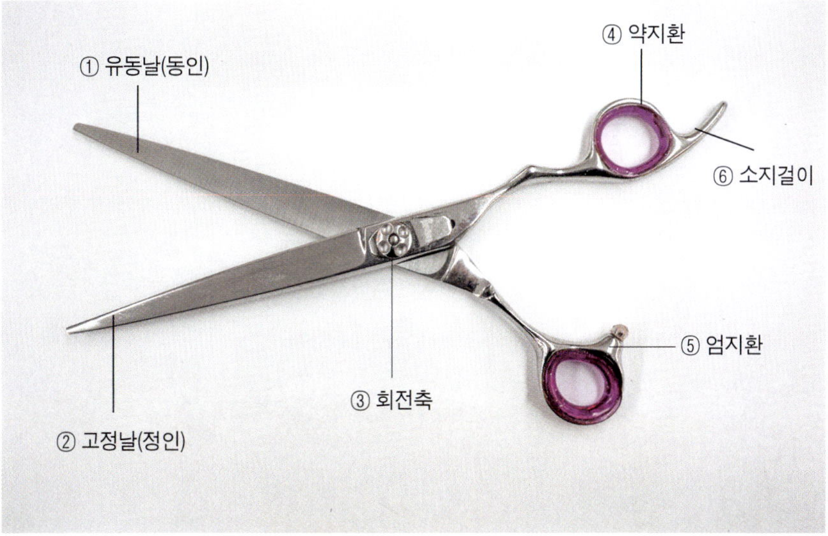

〈가위의 구조〉

① 유동날(Moving Blade) : 엄지손가락에 의해 조작되는 움직이는 날

② 고정날(Still Blade) : 약지손가락에 의해 조작되는 움직이지 않는 날

③ 회전축(Pivot Point) : 가위를 느슨하게 하거나 조이는 역할

④ 약지환(Finger Grip) : 정인에 연결된 원형의 고리로 약지손가락을 끼워 넣는 곳

⑤ 엄지환(Thumb Grip) : 동인에 연결된 원형의 고리로 엄지손가락이 위치하는 곳

⑥ 소지걸이(Finger Brace) : 약지환에 이어져 있으며 새끼손가락을 걸기 위한 곳

〈가위 종류〉

(4) 가위 잡는 방법

① 가위의 회전축(잠근 나사)이 위로 보이도록 하고 약지손가락의 중간 매듭과 검지손가락의 첫 번째 매듭 사이에 사선으로 가위는 놓는다.

② 가위가 사선이므로 손목이 밖을 향해 45° 기울기로 비튼다.

③ 가위 끝이 좌측으로 오게 하고, 소지손가락 버팀대는 오른쪽 위로 향하게 한다.

④ 엄지손가락을 엄지환에 엄지손톱의 1/3을 넘지 않게 살짝 걸쳐 놓는다.

⑤ 소지손가락 끝부분을 얹고 곧게 펴준다.

⑥ 엄지손가락만을 사용해서 유동날을 움직여 커트한다.

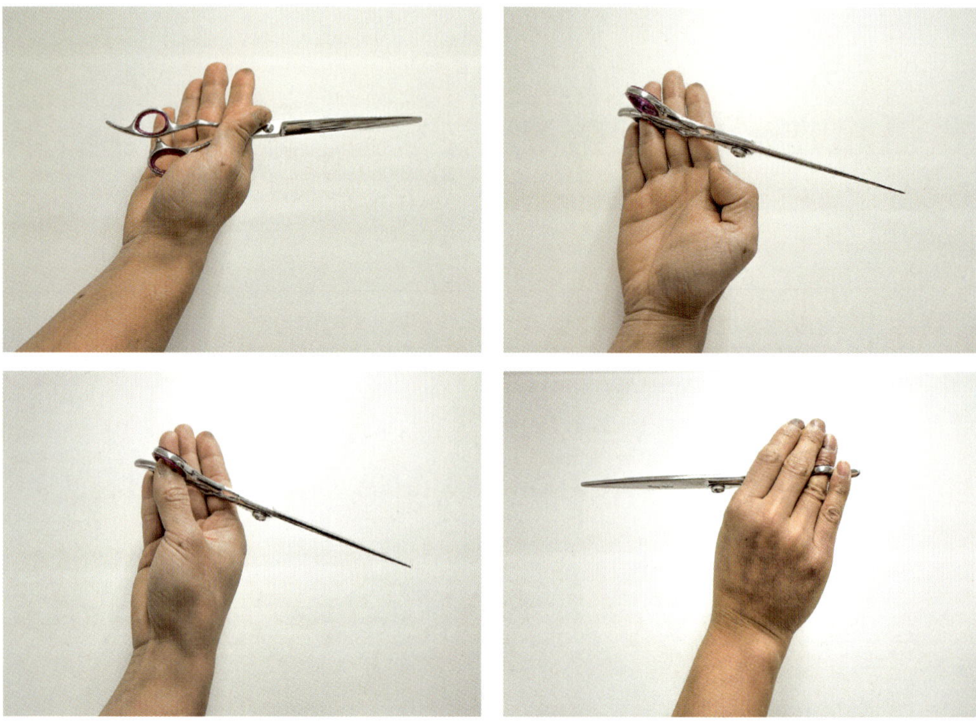

〈가위 잡는 방법〉

(5) 빗과 가위의 조작법

① 빗살 끝을 위로 하고 빗 등 아래에 가위의 고정날을 수평으로 놓는다.

② 오른손 엄지손가락만을 사용해서 가위의 유동날을 개폐한다.

③ 빗이 위쪽으로 진행되면서 가위는 빗을 따라 움직인다.

④ 가위와 빗은 평행을 유지한다.

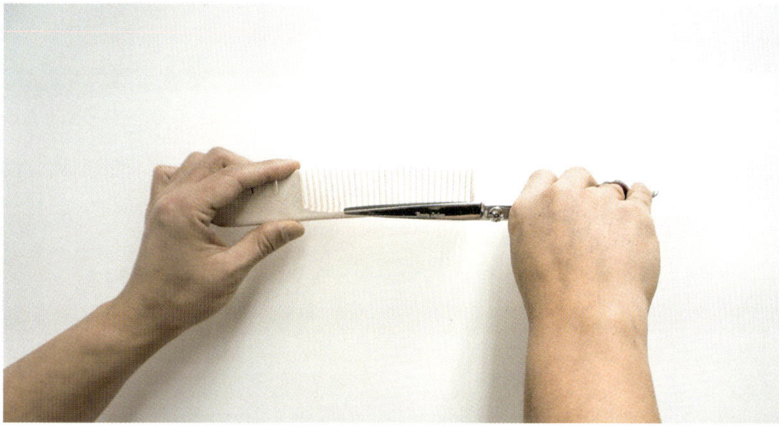

(6) 신문 용지로 연속 깎기 기법

가위의 고정날은 빗 등에 최대한 밀착시키고 빗 등에 나온 종이를 자른다.

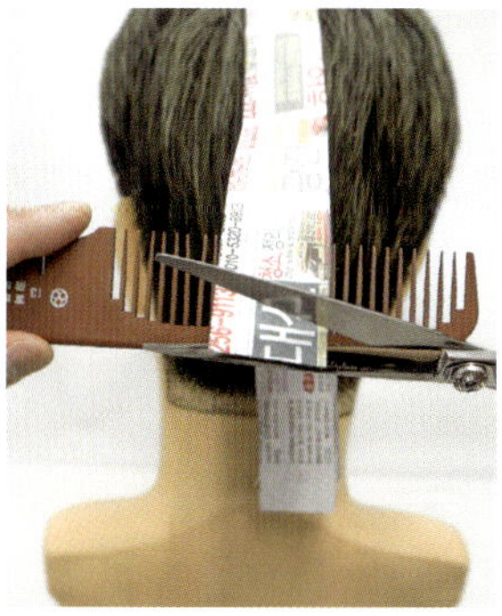		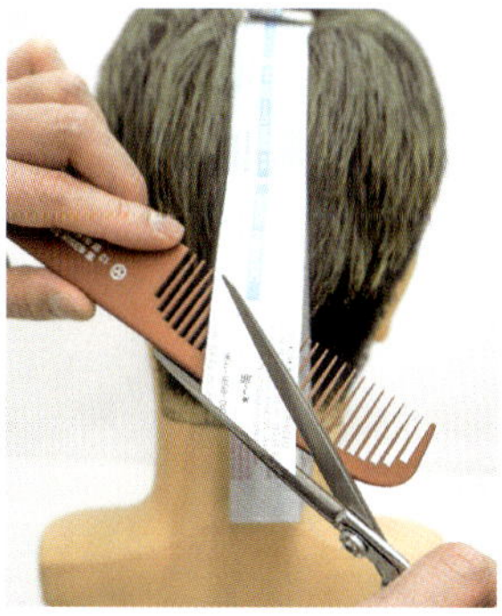
후두부, 두정부, 측두부에 연속 깎기 기법이 사용된다.	우측 후두부의 네이프 라인에 연속 깎기 기법이 사용된다.	좌측 후두부의 네이프 라인에 연속 깎기 기법이 사용된다.

2. 빗(Comb)

(1) 빗의 구조

① 빗살

빗의 가장 중요한 부분으로 고르고 균일된 것이어야 한다.

- 모발 길이가 긴 경우 : 빗살 간격이 넓고 빗살 길이가 긴 큰 빗을 사용한다.
- 모발 길이가 짧은 경우: 빗살 간격이 좁고 빗살 길이가 짧은 빗을 사용한다.

② 빗살 끝

두피에 직접 닿는 부분이며 모발을 두피로부터 끌어당겨 세우는 부분으로 끝이 너무 날카롭거나 둥글면 좋지 않다.

③ 빗 몸

빗 전체를 지탱해 주는 역할을 하며 너무 매끄럽거나 반질거리지 않으며 안정성이 좋아야 한다.

④ 빗 등

빗 등의 두께는 균일하고 전체가 삐뚫거나 구부러지지 않아야 한다.

⑤ 빗 머리

빗 머리의 가장자리는 모발이 걸리지 않고 손질하기 쉽도록 끝이 둥근 것이 좋다.

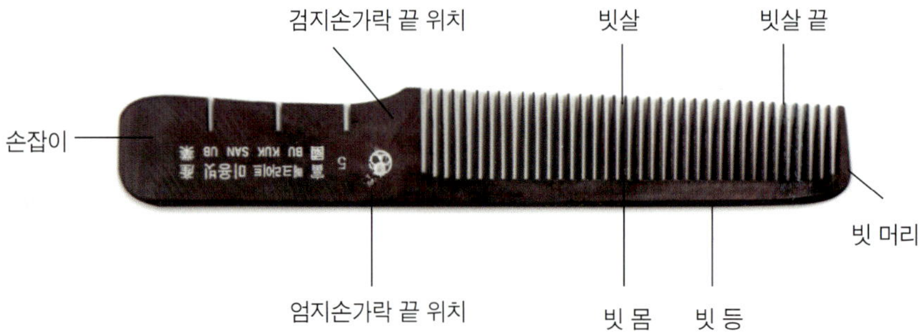

〈빗의 구조〉

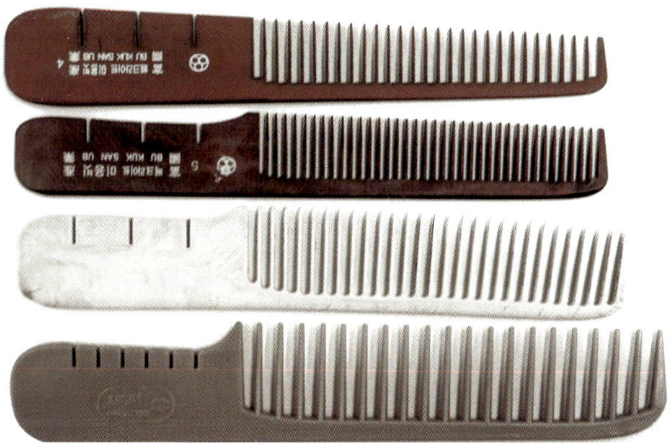

〈빗의 종류〉

(2) 커트 시술 시 빗 잡는 방법

① 빗살 끝부분을 위로 향하게 하고 왼손으로 잡는다.

② 약지와 소지손가락 사이에 빗을 올려놓는다. 엄지손가락을 이용하여 빗 등을 받혀 준다. 검지손가락을 빗살 끝을 잡은 다음 활 모양으로 만든다.

③ 중지손가락 가운데 마디를 밑으로 살짝 접는다.

④ 약지와 소지손가락을 밑으로 향하게 한다.

⑤ 빗은 두상 방향으로 빗 등은 시술자 쪽으로 60° 정도 경사지게 한다.

〈정면〉

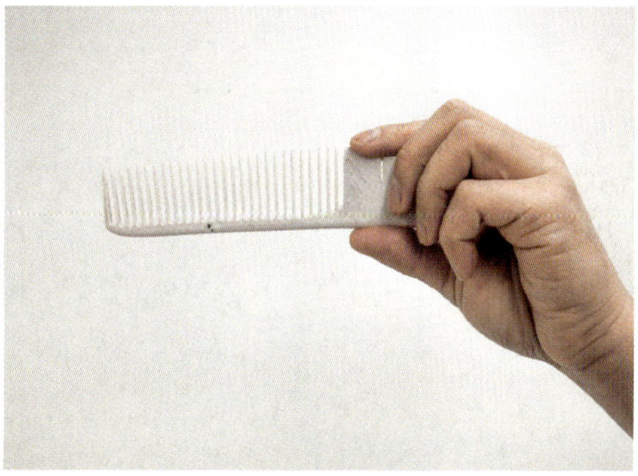

〈뒷면〉

(3) 모발 빗질 시 빗 잡는 방법

① 손바닥을 편 상태에서 네 손가락에 빗을 올려놓는다. 엄지손가락은 빗의 손잡이를 감싸고 빗살을 아래로 향하게 한다.

② 빗 등 위에 검지손가락을 얹고 아래로 향하게 한다.

③ 중지, 약지, 소지손가락을 밑으로 살짝 접는다.

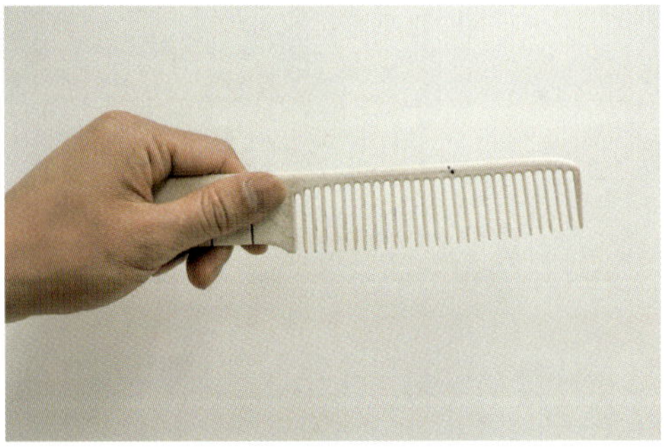

3. 바리캉(Clipper)

(1) 바리캉의 종류

① 수동식 바리캉

주로 이발소에서 많이 사용되며 수염과 짧은 남성커트, 네이프 부분의 모발을 짧게 싱글링할 때 사용된다.

② 전동식 바라캉

남성, 여성커트 모두 사용되며 눈썹 정리 정돈 시 사용된다.

〈바리캉의 종류〉

(2) 바리캉 잡는 방법

기법			설명
	정면	뒷면	
한 손 기법	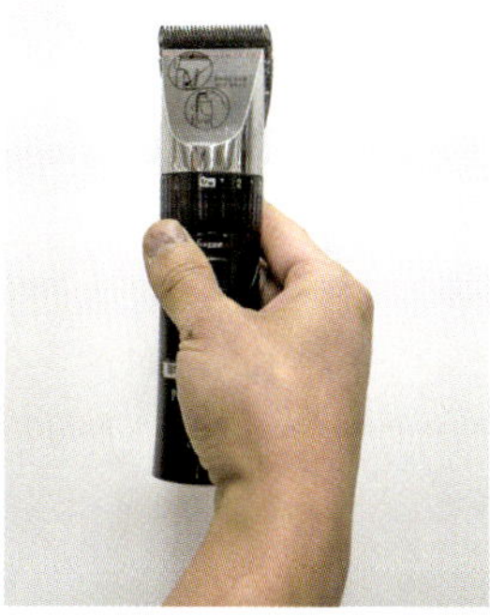		• 조금 올릴 때 사용한다. • 엄지손가락은 바리캉 위에 얹는다. • 검지손가락은 바리캉 뒷날선에 놓고 중지와 약지, 소지손가락은 뒷면에 자연스럽게 얹는다.
양손 기법			• 바리캉 시술 시 가장 많이 사용한다. • 양손 엄지손가락은 바라깡 위에 검지손가락은 바리캉 옆면에 놓는다. • 남은 손가락은 바리캉 밑부분을 잡는다.
펜슬 기법		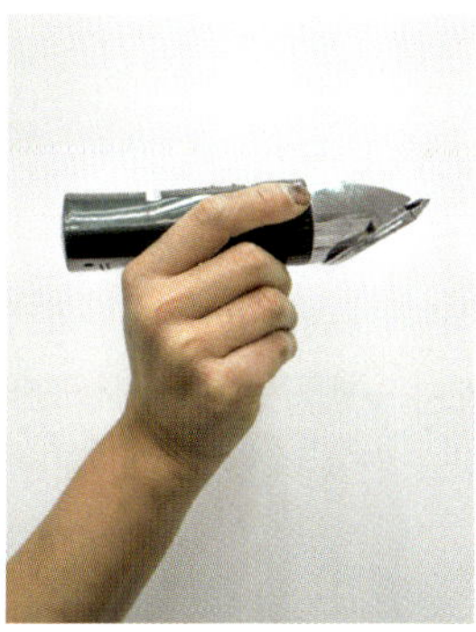	• 크라운과 톱 부분에 주로 사용한다. • 펜을 잡듯이 팔목의 스냅을 이용해서 커트한다.

4. 아이론(Iron)

아이론은 일시적인 헤어스타일링을 만들기 위한 기본적인 기술로 고열을 이용해 모발의 모표피를 압착시켜 윤기를 최대화시키며, 수소결합과 염결합의 원리를 이용해 스타일의 형태를 보완하거나 새로운 형태로 연출할 수 있는 작업으로 정의할 수 있다.

(1) 아이론의 역사

① 아이론의 원형은 이미 1500년대에 있었으며 한 개의 둥그런 막대에 머리카락을 말아서 컬을 만들어 냈다.

② 1875년 프랑스 '마셀 그라또우'가 '마셀 아이론과 그 사용법'을 발표한 것으로부터 시작되었다.

③ 철을 소재로 한 둥글게 홈이 파인 자루와 그 자루를 감싸주는 또 하나의 자루를 만들어 불에 달구어 사용하였다.

④ 1925년에는 전기 아이론이 발명되어 불에 직접 달구지 않고 가열, 단열 등의 온도 조절로 사용 범위가 확대되었다.

⑤ 우리나라에서는 1970년대에 아이론을 석유곤로나 난로 등의 열에 의해 가온 후 모발을 종이 등으로 싸서 시술하는 방법으로 시작되어 전기 열에 의해 전기 아이론의 도입으로 기존보다 쉽게 사용할 수 있게 되었다.

⑥ 1990년대 후반에 열을 이용한 스트레이트 펌이 유행하면서 플랫 아이론이 주목받기 시작하였다.

(2) 아이론의 구조

① 그루브(Groove) : 홈이 파져 있는 부분으로 모발을 프롱과 그루브 사이에 끼워 고정시킨다.

② 프롱(Prong) : 둥근 모양으로 모발을 위에 눌러 주는 역할을 하며, 모발의 형태를 변화시킨다.

③ 핸들(Handle) : 프롱에 연결된 손잡이는 고정 손잡이며 그루브에 연결된 손잡이는 이동 손잡이로 힘 조절에 따라 웨이브 형성을 변화시킨다.

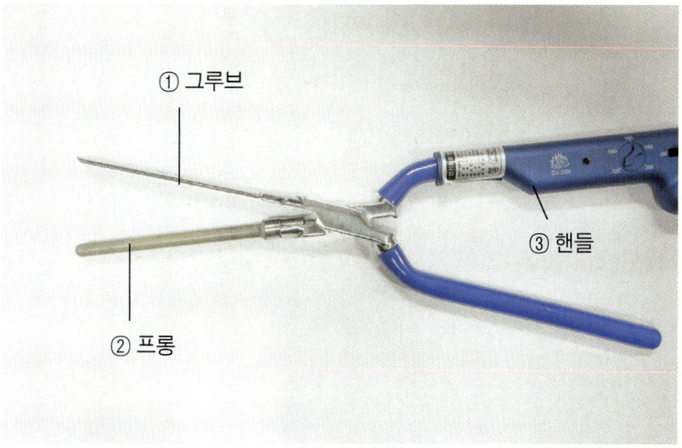

〈아이론의 구조〉

(3) 아이론의 종류

① 웨이브·클립 아이론(Wave Iron, Clip Iron)

기구 속에 모발을 맞물리게 하거나 아이론 기구 자체에 홈이 있어 형태가 형성된다.

② 축열식 아이론(Cordless Iron)

전기 코드가 없이 조작이 간편하며 아이론에 씌우는 클립이 부착된 것도 있다.

③ 전열 아이론(Electric Iron)

전기를 이용하여 사용되는 아이론으로 두께는 직경 8~28mm까지 다양하며 드라이를 위한 히터 작용뿐만 아니라 모발에 윤기를 주거나 손상을 막기 위해 오일을 주입할 수 있는 오일 아이론 등이 있다.

④ 헤어 아이론(Hair Iron)

불에 달구어서 사용되는 구형 아이론으로 마셀과 컬로 구성되며 가장 일반적으로 사용된다.

(4) 아이론을 하는 목적

① 곱슬머리를 교정할 수 있다.
② 웨이브를 형성시키므로 자연스럽고 오랫동안 머리 모양을 지속할 수 있다.
③ 모발에 변화를 주어 임의의 형태로 만들 수 있다.

④ 모발의 양이 많아 보이게 할 수 있다.

⑤ 거친 모발 또는 모류를 자연스럽게 처리할 수 있다.

(5) 아이론 사용 시 적당한 온도

① 건강 모발 : 170~180°C로 사용하며 시간 조절을 잘해야 한다.

② 보통 모발 : 150~160°C로 온도를 유지한다.

③ 약한모발 : 130~140°C로 온도를 유지한다.

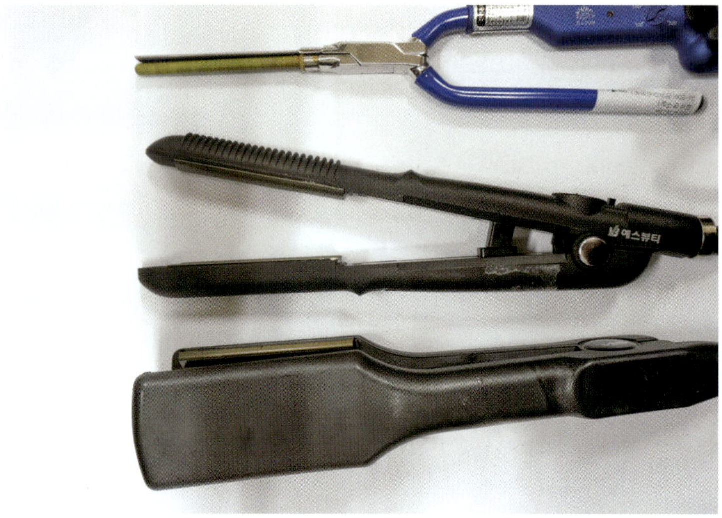

〈아이론의 종류〉

CHAPTER

03 헤어커트의 개념 및 기술

MAN'S CUT MAN'S CUT MAN'S CUT MAN'S CUT MAN'S CUT MAN'S CUT MAN'S CUT MAN'S CUT MAN'S CUT

1. 헤어커트 기초 개념

(1) 헤어커트의 기초

헤어커트는 헤어스타일을 만드는데 기초가 되는 기술로 헤어 셰이핑이라고 하며 '머리 형태를 만든다'라는 뜻이다.

(2) 헤어커트의 목적

헤어커트는 모발의 길이를 정리하는 것으로 모발의 밀도를 정리하여 머리 모양을 완성시키기 위한 헤어스타일의 기초를 만드는 것을 목적으로 한다.

(3) 헤어커트에 사용되는 도구

헤어커트에 사용되는 도구는 가위(Scissors), 레이저(Razor), 빗(Comb), 바리캉(Clipper)이 있다.

① 가위

- 웨트 커트(Wet Cut) : 모발에 수분을 적셔서 시술한다.
- 드라이 커트(Dry Cut) : 모발에 수분을 적시지 않고 마른 상태에서 시술한다.

② 레이저 : 커트 시 모발에 수분을 충분히 적시어 시술한다.

③ 바리캉 : 남자커트와 여성의 짧은 머리(쇼트커트) 등에 많이 사용된다.

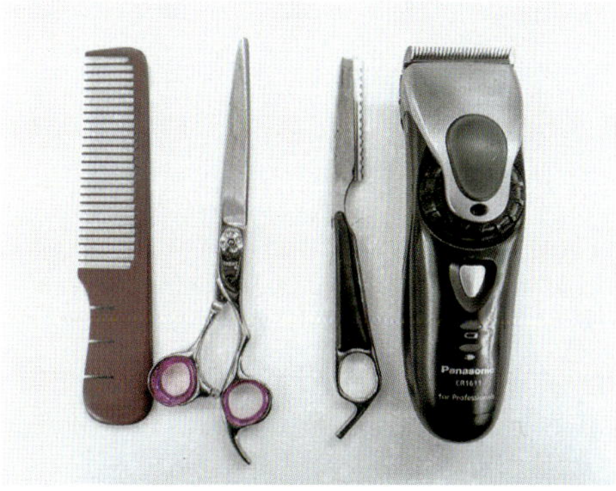

〈헤어커트에 사용되는 도구〉

2. 헤어커트 디자인의 요소

미적인 표현뿐만 아니라 개성적인 표현으로도 만족시켜 주는 응용예술로서 창조적 디자인을 위한 구성 요소로 형태, 질감, 색채가 있다.

(1) 형태(Form)

형태는 가로와 세로, 깊이를 포함하는 물체를 입체적으로 표현하는 것으로 선, 방향, 모양이 형태의 3요소이다.

① 선 : 형의 가장 기초가 되는 구성 요소로 연속된 점들의 집합체이다. 선은 점보다 강한 효과를 내며 방향에도 영향을 미친다.

② 천체축 : 직선과 곡선, 각도, 방향을 정의하는 기호이다.

③ 방향 : 선의 진로이며 기본 방향인 수평 방향, 수직 방향, 사선 방향으로 결정된다.

④ 직선 : 천체축의 기본 직선인 수평선, 수직선, 우대각선, 좌대각선 등이다.

⑤ 모양 : 길이와 넓이를 가진 2차원(평면)적 표현으로 헤어디자인은 구조와 형태 선의 방향으로 이루어진 모양에 깊이를 더해서 3차원인 형태를 만든다.

⑥ 주요 각도 : o°, 45°, 90° 등은 선이 교차될 때 만들어진다.

(2) 형의 분석

자연시술각 (중력에 의한 각도/ 천체축 기준)	**일반 시술각** (두상의 각도)
중력에 의해 모발이 자연스럽게 늘어 떨어지는 각도 (원랭스, 그래듀에이션)	두상으로부터 모든 모발이 90° 들려 졌을 때 각도 (유니폼 레이어)
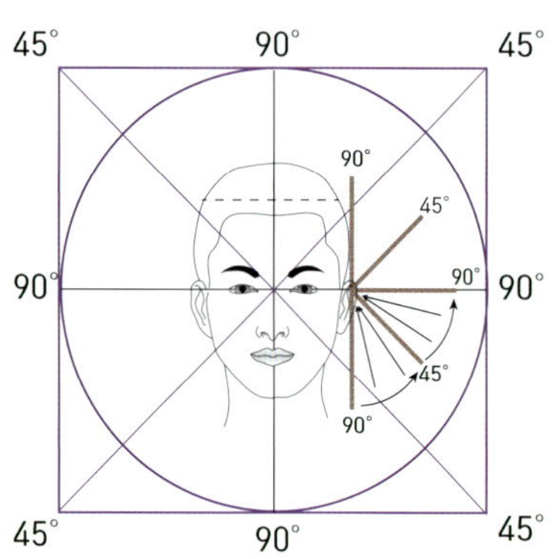	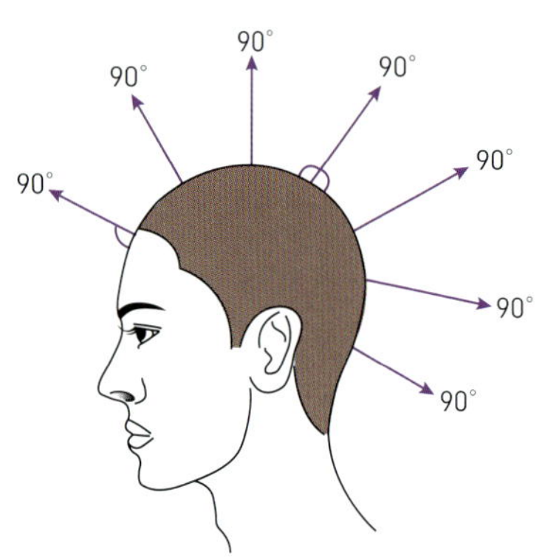

(3) 질감(Texture)

촉각과 시각으로 느낄 수 있는 모발의 표면 또는 질감도 관찰하게 된다.

① 액티베이트(Activated) : 잘린 모발 끝이 보이는 질감

(활동적인 질감- 유니폼 레이어, 인크리스 레이어)

② 언액티베이트(Un-Activated) : 잘린 모발 끝이 보이지 않는 매끄러운 질감

(비활동적인 질감- 원랭스)

③ 혼합형(Combination) : 액티베이트와 언액티베이트의 두 가지 질감이 혼합

(그래듀에이션)

(4) 색채(Color)

물체에 빛이 반사될 때 얻어지는 시각적 효과로 길이와 부피감, 머릿결, 움직임과 방향감에 영향을 준다.

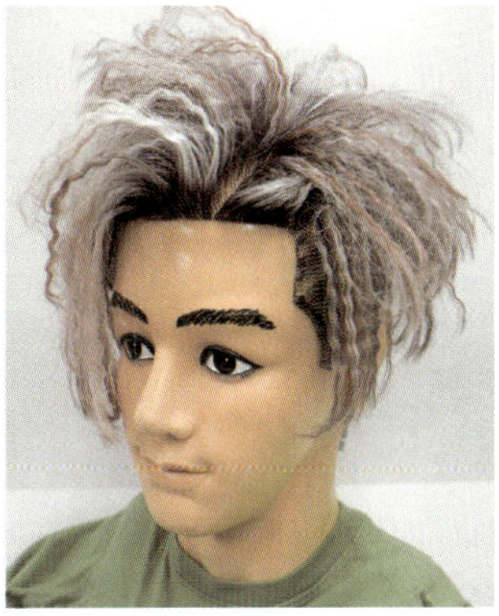

3. 두상의 포인트와 기본

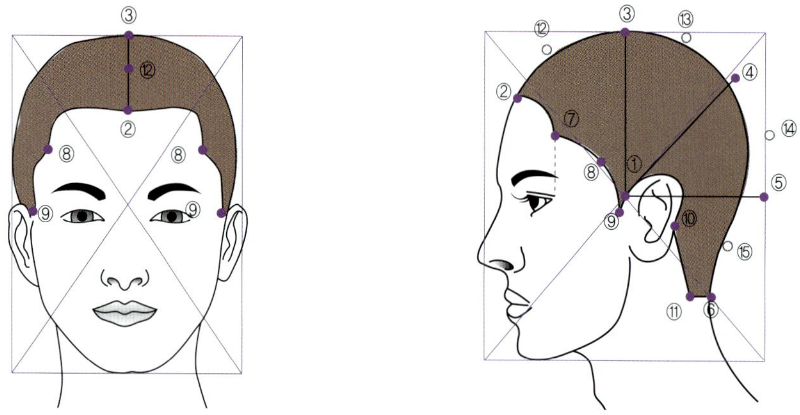

번호	약자	명칭
1	E.P	이어 포인트(Ear Point)
2	C.P	센터 포인트(Center Point)
3	T.P	톱 포인트(Top Point)
4	G.P	골덴 포인트(Golden Point)
5	B.P	백 포인트(Back Point)
6	N.P	네이프 포인트(Nape Point)
7	F.S.P	프런트 사이드 포인트(Front Side Point)
8	S.P	사이드 포인트(Side Point)
9	S.C.P	사이드 코너 포인트(Side Cernir Point)
10	E.B.P	이어 백 포인트(Ear Back Pont)
11	N.S.P	네이프 사이드 포인트(Nape Side Point)
12	C.T.M.P	센터 톱 미디엄 포인트(Cent Top Medium Point)
13	T.G.M.P	톱 골덴 미디엄 포인트(Top Goilden Medium Point)
14	G.B.M.P	골덴 백 미디엄 포인트(Golden Back Medium Point)
15	B.N.M.P	백 네이프 미디엄 포인트(Back Nape Medium Point)

(2) 두상의 부위별 명칭

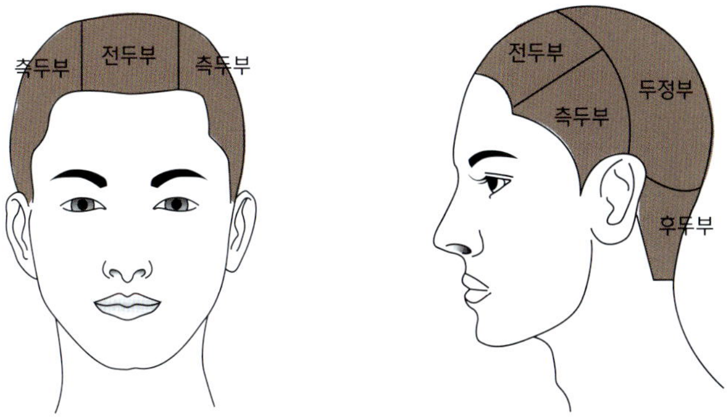

(3) 두상의 분할 라인

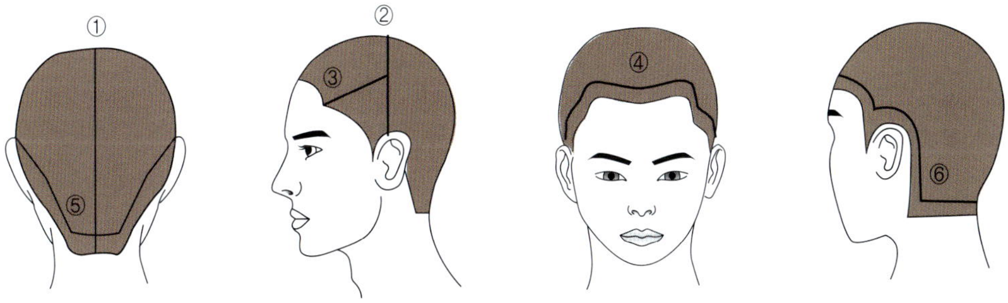

번 호	명 칭	설 명	
1	정중선 (正中線)	C.P-N.P-N.P	코를 중심으로 두상 전체를 수직으로 가른 선
2	측중선 (側中線)	T.P-E.P	두상의 부위를 T.P~E.P까지 수직으로 가른 선
3	측두선 (側頭線)	F.S.P(U라인)	눈 끝을 위로 측중선까지 연결한 선
4	페이스 라인 (Face Line)	S.C.P-C.P-S.C.P	얼굴 정면에 모발이 나기 시작한 선
5	네이프 라인 (Nape Line)	N.S.P-반대편 N.S.P	목덜미의 선
6	햄 라인 (Hem Line)		전체적으로 모발이 나 있는 경계 부분

4. 헤어커트를 위한 기술

(1) 시술 각도(Angle)

헤어 커트 시 두상으로부터 모발을 들어 올려 펼치거나 내려진 상태로 커트하는 각도를 말한다.

① 자연시술각

- 중력에 의해 모발이 자연스럽게 떨어지는 각도(0°)
- 천체축 기준 각도

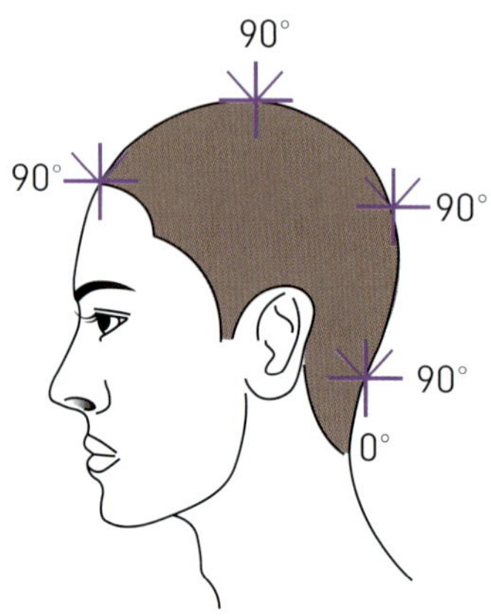

② 두상 각도

- 모발을 두상에서 들어 올려 펼쳐 빗었을 때 나타나는 각도로 베이스의 모발을 빗어 잡았을 때 두상의 둥근 접점을 기준으로 한 각도를 말한다.

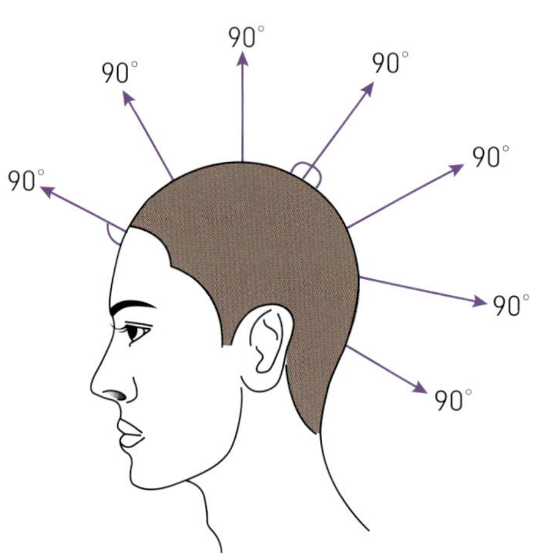

(2) 형태(Form)

종 류	특 징	
① 솔리드형(원랭스형) (Solid Form)	• 모발 길이가 한 레벨로 떨어진다. • 주변 최대의 무게감이 생긴다. • 시술각 : 0°, 자연시술각	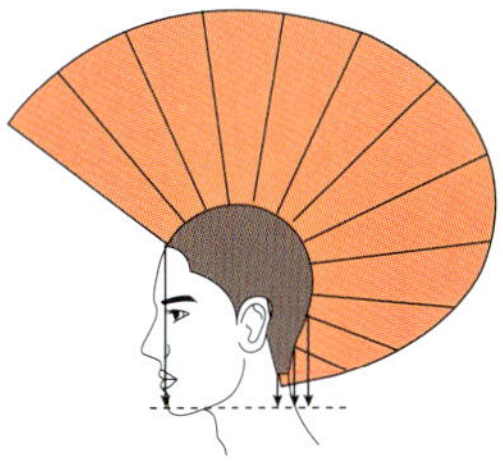
② 그래듀에이션형 (Graduation Form)	• 네이프에서 톱 쪽으로 갈수록 모발 길이가 증가한다. • 시술각에 의해 경사선, 무게 지역, 무게선, 릿지 라인이 형성된다. • 시술각 : 1~89°	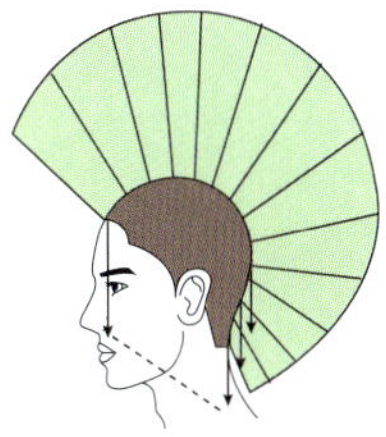
③ 유니폼 레이어형 (Uniform Layer Form)	• 두상에서 90° 시술각이 사용된다. • 모든 모발의 길이가 동일하다.	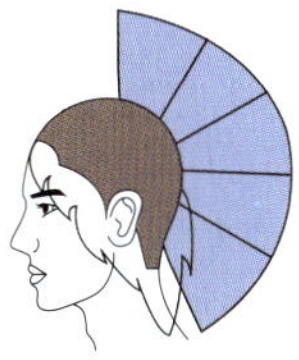
④ 인크리스 레이어형 (Increase Layer Form)	• 톱이 짧고 네이프로 갈수록 모발이 길어진다. • 90° 이상의 시술각	

(3) 섹션(Section)

커트 시술 시 두상에서 블로킹을 나눈 후 블로킹 내에서 다시 작은 구역을 나누는 것을 말한다.

종 류	특 징	
① 가로 섹션 (Horizon Section)	• 가로 또는 수평 • 원랭스 커트 시 사용된다.	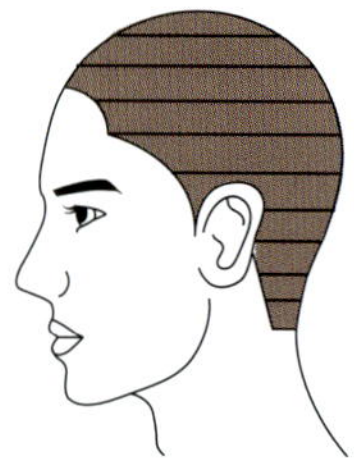
② 세로 섹션 (Vertical Section)	• 세로 또는 수직 • 그래듀에이션, 레이어 커트 시 사용된다.	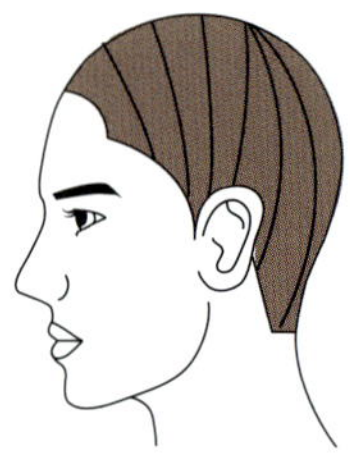
③ 사선 섹션 (Diagonal Forward Section) - 전대각	• 두상의 뒤쪽에서 얼굴 방향으로 사선 방향 • 스파니엘 커트 또는 A라인 스타일 커트 시 사용된다.	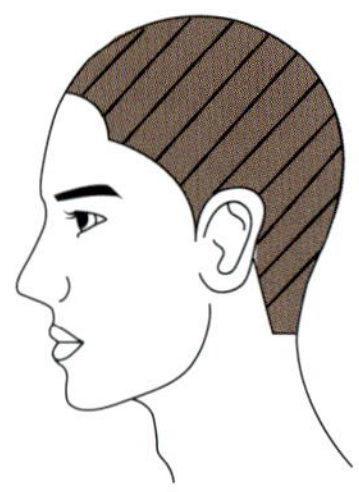
④ 사선 섹션 (Diagonal Backward Section) - 후대각	• 두상의 뒤에서 얼굴 방향으로 사선 방향 • 이사도라 커트 또는 U라인 스타일 커트 시 사용된다.	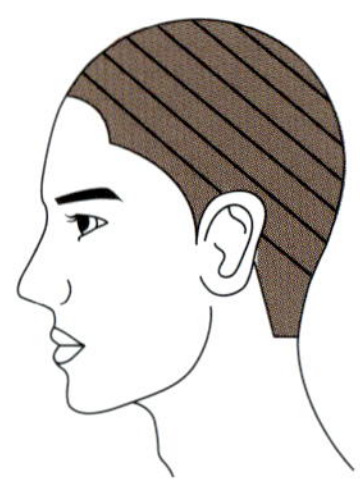
⑤ 방사선 섹션 (Pivot Section)	• 파이 섹션, 오렌지 섹션이라고도 불린다. • 두상의 피벗에서 똑같은 크기의 섹션을 나누기 위해 사용된다. • 레이어 커트 시 사용된다.	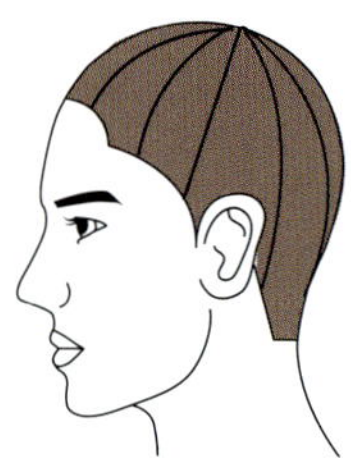

(4) 분배(Distribution)

분배란 파팅 선과 두상에 관련하여 모발을 빗질하는 방향이다. 분배에는 자연 분배, 직각 분배, 변이 분배, 방향 분배가 있다.

종 류	특 징	
① 자연 분배 (Natural Distribution)	• 파팅에 대해 모발이 중력 방향으로 자연스럽게 떨어지는 방향 • 원랭스 커트 시 사용된다.	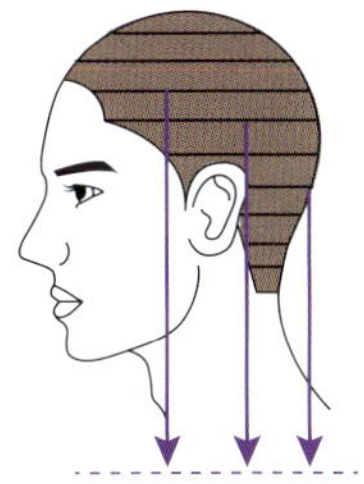
② 직각 분배 (Perpendicular Distribution)	• 파팅 선에서 모발이 직각으로 빗겨지며, 수직 분배라고도 한다. • 그래듀에이션, 레이어 커트 시 사용된다.	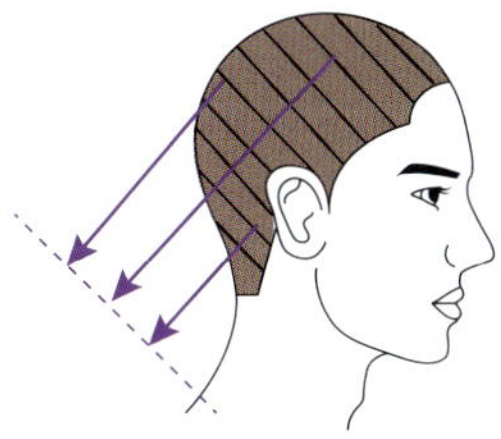
③ 변이 분배 (Shifted Distribution)	• 파팅에 대해 모발이 임의의 방향으로 빗겨지며, 자연 분배나 직각 분배가 아닌 다른 모든 방향으로 빗질한다. • 긴 머리와 짧은 머리 연결할 때 사용된다.	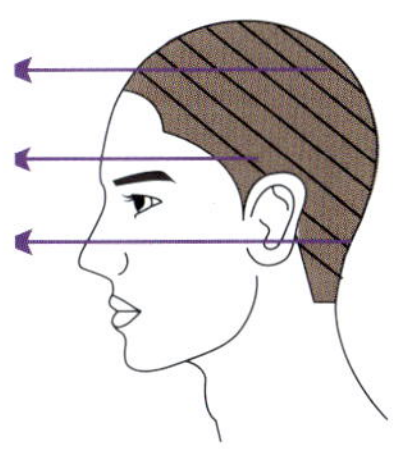
④ 방향 분배 (Directional Distribution)	• 일관성을 유지하기 위해 특정한 방향을 정해 두고 모발을 빗는다. • 파팅과 상관없이 한 방향으로 빗질한다.	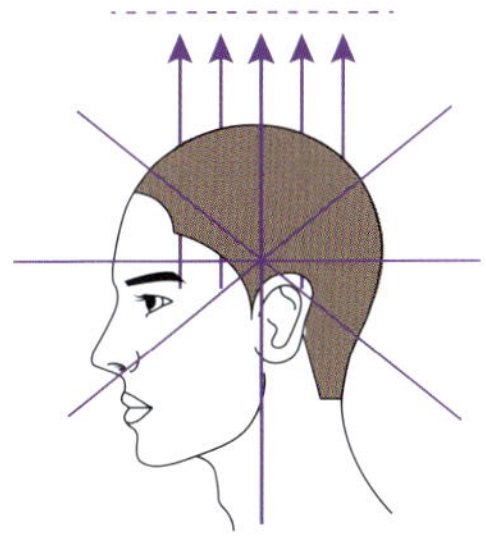

(5) 베이스(Base)

종 류	특 징	
① 온 더 베이스 (On the Base)	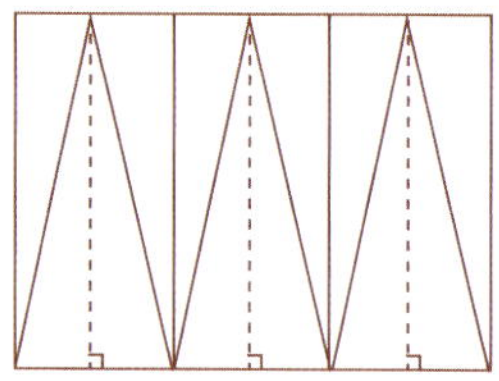	• 커트 시 좌우 동일한 길이로 커트할 때 사용된다. • 베이스의 중심에서 슬라이스 라인에 직각(90°)으로 모아 커트한다.
② 사이드 베이스 (Side Base)	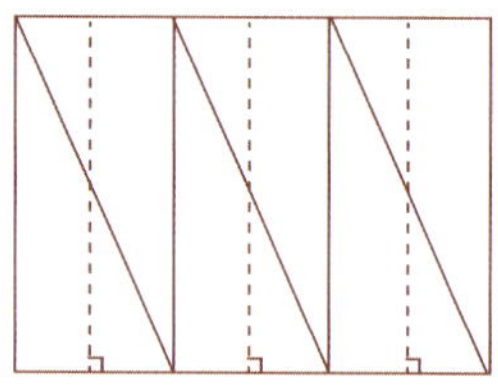	• 파팅의 한 변이 90° • 커트 시 베이스의 중심이 우측 변 또는 좌측 변으로 선정하고 그 기준을 중심으로 모발의 길이가 점점 길게 또는 짧게 된다.
③ 오프 더 베이스 (Off the Base)	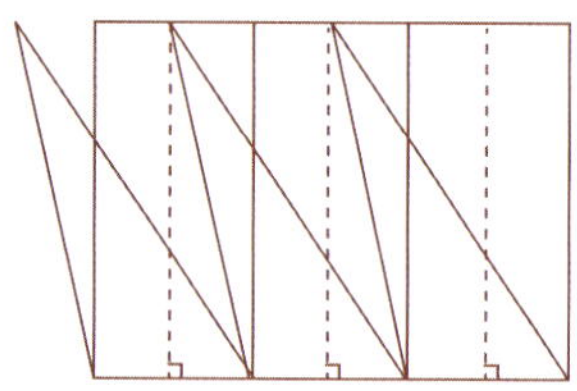	• 파팅의 한 변이 90° 이상 • 시술자의 의도에 따라서 사이드 베이스의 기준선을 넘어서 일정한 각도를 끄는 것 • 우측 또는 좌측으로 얼마만큼 당기는지에 따라 사선의 경사도가 달라지므로 급격한 모발의 변화를 요구할 때 사용된다.
④ 프리 베이스 (Free Base)	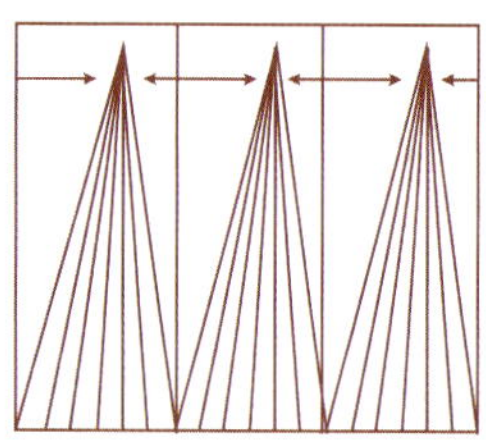	• 온 더 베이스와 사이드 베이스 중간의 베이스 • 모발 길이가 두상에서 자연스럽게 길어지거나 짧아지게 자를 때 사용된다.
⑤ 트위스트 베이스 (Twist Base)	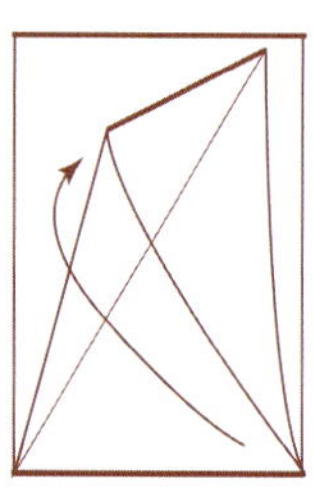	• 프리 베이스 상태에서 비틀린 모양으로 잡아 자를 때 사용된다.

(6) 두상 위치(Head position)

두상 위치는 머리 형태의 결과에 직접적인 영향을 주며, 머리 질감이나 커트 라인의 방향에 영향을 준다. 두상의 위치는 똑바로(Up-Right), 앞 숙임(Forward), 옆 기울임(Tilted) 등이 있다.

종류	특징	
① 똑바로 (Up right)	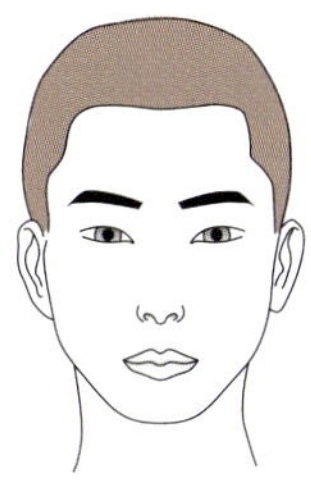	• 가장 자연스럽고 고른 효과 • 똑바로 한 상태에셔 커트할 경우 가장 자연스럽다. • 원랭스 커트에 많이 사용된다.
② 앞 숙임 (Forward)	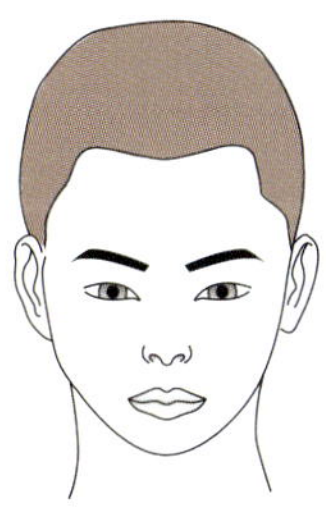	• 주로 형태 선의 끝마무리로 많이 사용된다. • 그래듀에이션, 레이어 커트 시 많이 사용된다.
③ 옆 기울임 (Tilted)	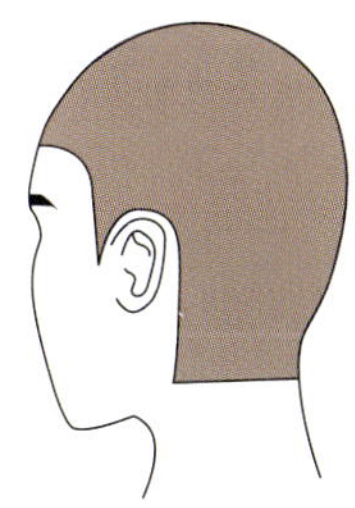	• 형태 선의 쉬운 마무리를 위해 사용된다. • 사이드가 짧은 디자인 라인을 만들려고 할 경우 사용된다.

(7) 가이드라인(GuideLine)

커트할 때 사용되는 머리의 모양 패턴이나 길이 가이드, 디자인 라인이 형태 선이 될 수도 있으며 고정, 이동, 다중(혼합) 디자인 라인이 있다.

종류	특징	
① 고정 디자인 라인 (Stationary Design Line)	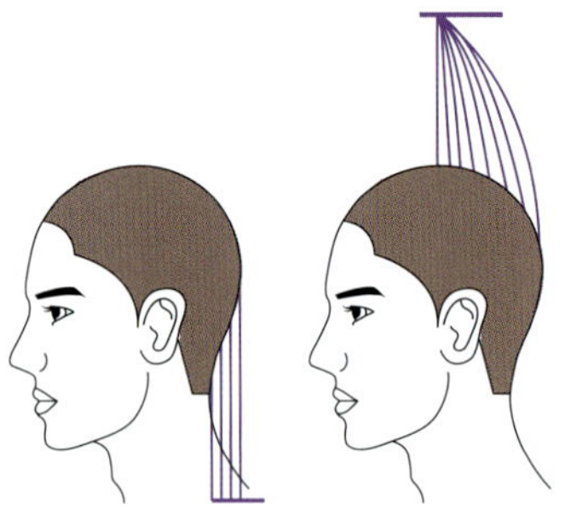	• 디자인 라인이 이동하지 않는다. • 처음 가이드라인에 맞춰 커트한다. • 반대편의 모발의 길이가 점차적으로 증가를 원할 때 사용된다. (원랭스, 인크리스레이어)
② 이동 디자인 라인 (Mobile Design Line)	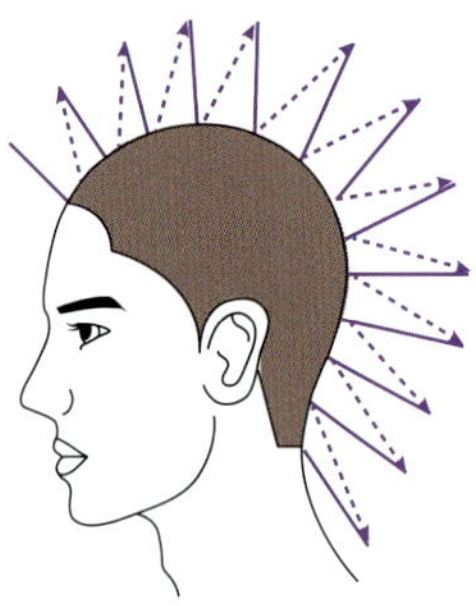	• 커트하는 길이 가이드가 움직인다. • 이전에 커트 된 모발의 일부를 파팅마다 이동시켜 커트하는 방법이다. (그래듀에이션, 유니폼 레이어)
③ 다중 디자인 라인 (Multiple Stationary Design Line)	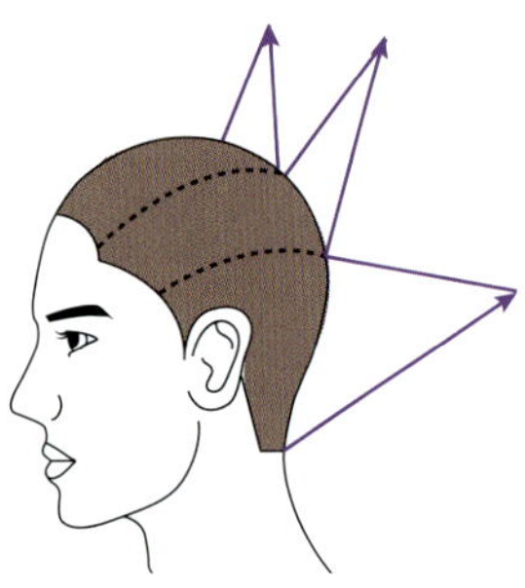	• 전체적으로 층이진 모발 질감을 원하지만 네이프 부분의 모발 길이가 충분하지 않을 때 사용된다. • 새로운 디자인 라인을 만들 때 사용된다. (인크리스 레이어)

5. 이용 전문 용어

① 발제선 : 얼굴과 두피의 경계 부분인 헤어라인

② 분발선 : 가르마

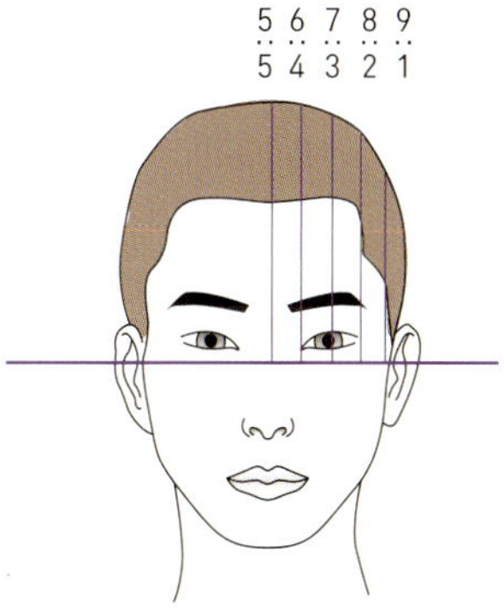

- 5 : 5 - 앞면의 정중선을 기준
- 6 : 4 - 눈의 안쪽 각을 기준
- 7 : 3 - 눈동자 중심을 기준
- 8 : 2 - 좌측 눈꼬리 기준
- 9 : 1- 좌측 눈꼬리와 귀 사이

③ 구레나룻 : 귀밑머리

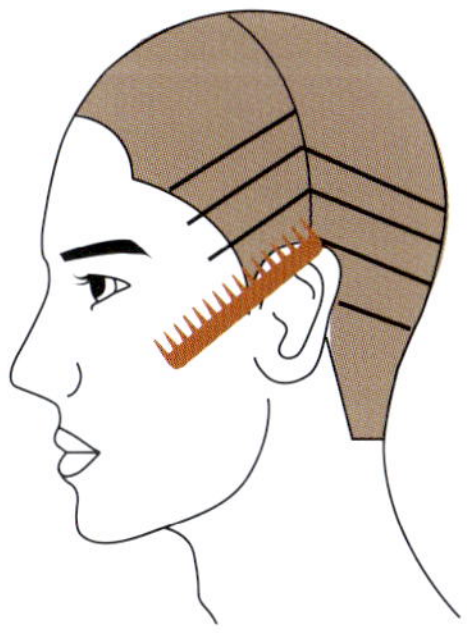

<슬라이스>

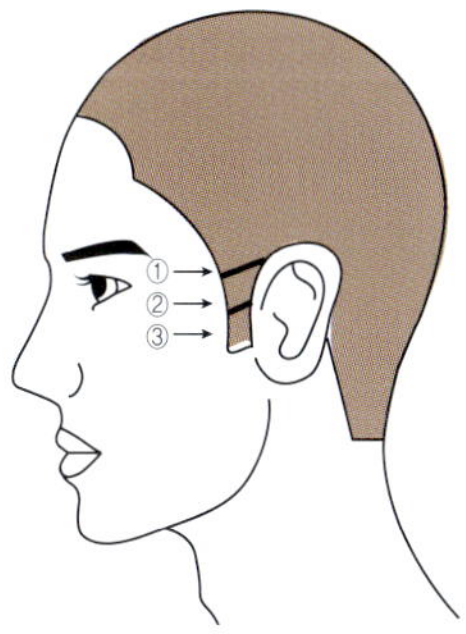

<구레나룻 모양>

①번은 스포츠형 스타일
②번은 표준형
③번은 중장발형

④ 접합부 : 바리캉 라인(클리퍼 라인) 모발의 짧은 부분과 긴 모발의 경계선, 일반적으로 바리캉으로 올려 깎기를 하는 부분이다.

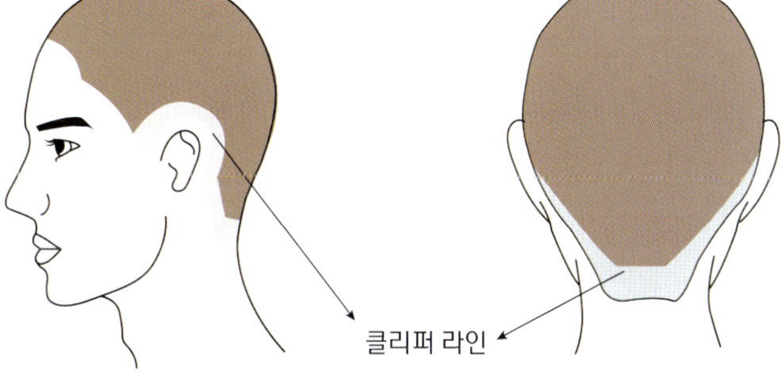

⑤ 조발(이발) : 커트

고객의 모발을 대상으로 자르거나 깎고 다듬는 기술이다.

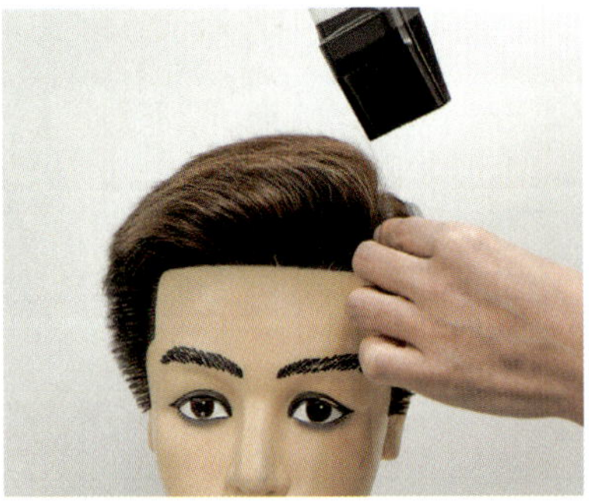

⑥ 정발술 : 모발을 말리거나 드라이기를 각을 세워 입체적인 모양을 만드는 것이다.

⑦ 지간 깎기 : 모발을 왼손 검지와 중지손가락 사이에 끼워 일정하게 커트하는 기법이다.

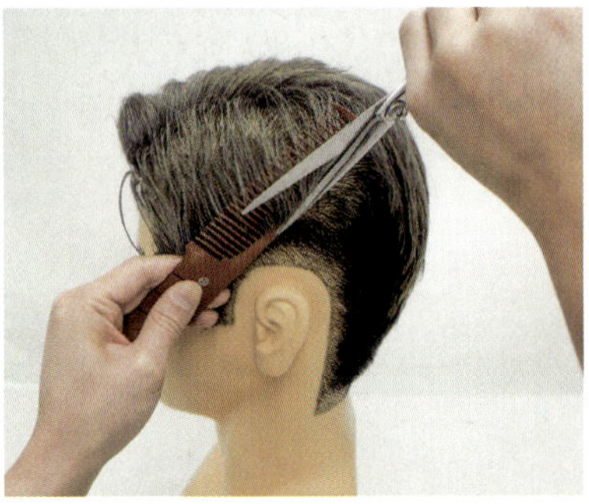

⑧ 돌려 깎기 : 빗을 시계 방향 또는 시계 반대 방향으로 돌려가며 커트하는 기법으로 주로 귀 주변과 후두부에서 많이 사용된다.

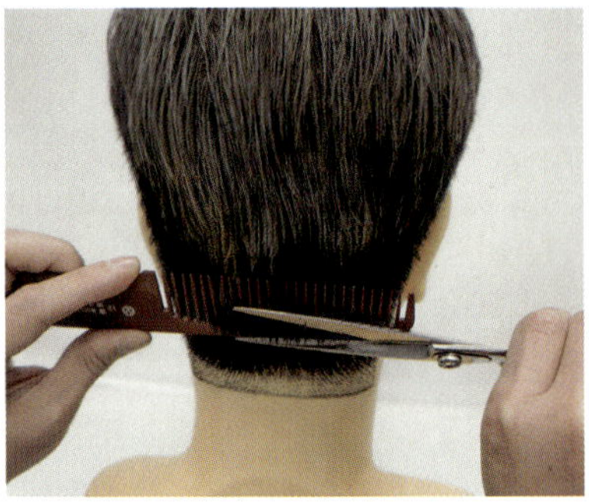

⑨ 연속 깎기(싱글링) : 커트할 모발을 빗살에 끼워지도록 한 후 빗과 가위가 평행하게 이동시키면서 연속적으로 깎는 기법이다.

⑩ 세워 깎기(옆 가위질, 직협) : 커트의 완성 단계에서 빗을 사용하지 않고 모발 표면에 파우더를 바르고 요철이 있는 부위를 수정하는 커트 기법으로 밀어 깎기와 당겨 깎기가 있다.(접합부의 수정에 사용)

⑪ 밀어 깎기 : 왼손 엄지손가락 지문 위를 가위 끝에 고정시키고 약지손가락을 목 부분에 지지대로 움직이지 않고 가위 끝이 밀려가는 힘으로 모발 길이를 미세하게 제거하는 방법이다. (빗살 끝을 두피에 붙여 밀어 쓰러지지 않게 커트한다.)

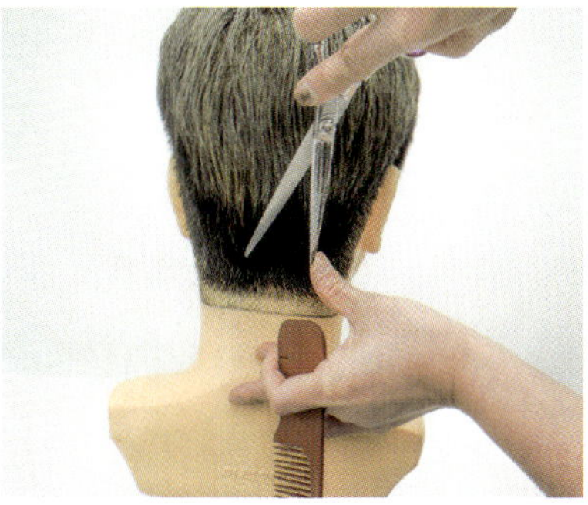

⑫ 당겨 깎기 : 왼손 중지, 검지손가락 지문 부위를 가위 끝에 고정시키고 가위 끝을 당기면서 모발을 깎는 기법으로 좌측에서 우측 방향으로 진행한다.

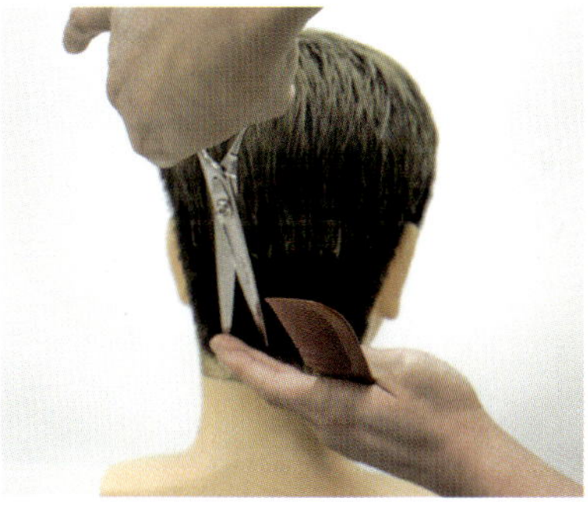

⑬ 솎음 깎기(찔러 깎기) : 솎음질이라고 하며 모량을 조절하거나 뭉쳐 있는 모발을 솎아내거나 제거하는 기법이다.

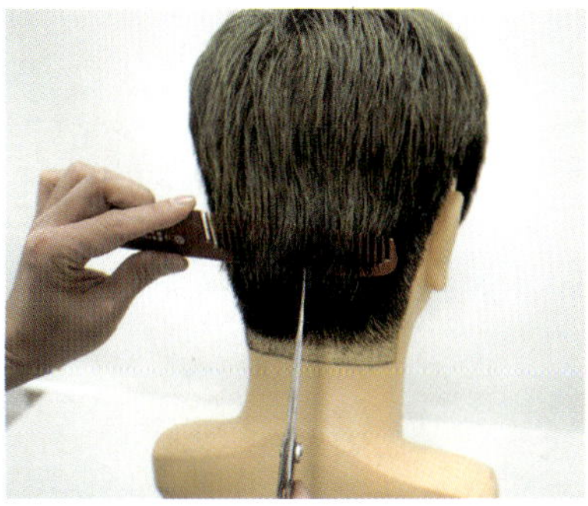

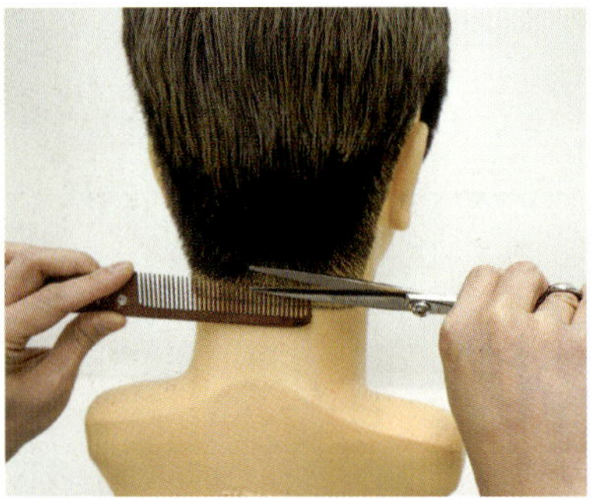

⑭ 소밀 깎기 : 커트 시술 마지막 단계에서 네이프 부분을 세심하고 정밀하게 체크하는 커트 기법이다.

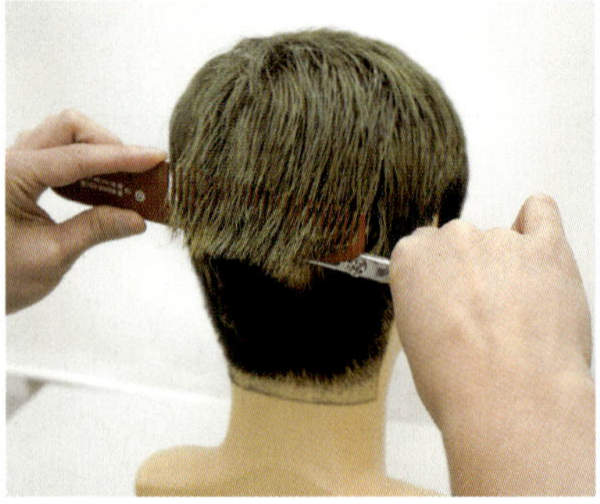

⑮ 떠올려 깎기(떠내 깎기) : 빗살을 이용하여 모발을 떠올려 일으켜서 빗살 사이에 나온 긴 모발을 커트하는 기법이다.

6. 남성커트의 기본 테크닉(Technique)

커트의 절차에 따라 시술과정을 결정한 후 커트할 도구와 그 도구에 따른 테크닉을 정하게 된다.

(1) 빗과 도구 조작에 의한 기본 테크닉

① 블런트 커트(Blunt Cut)

모발 끝이 뭉툭하고 직선으로 커트하는 기법이다. 블런트 커트는 모발 손상이 적으며 길이는 제거되지만 부피는 그대로 유지되고 무게감이 모발 끝에 그대로 남아 있다.

② 나칭(Notching Cut)

머리끝으로부터 가위를 45°정도로 비스듬하게 세워 모발 끝을 톱니 모양으로 지그재그로 커트하는 기법이다. 커트 후 모발의 불규칙한 디자인 선을 만들어 무게감이 제거된 가벼운 형태선을 만든다. 블런트 커트보다 탁탁한 느낌을 다소 감소시킬 수 있으며 웨이브 머리에 이상적이다. 포인트(Point) 테크닉이라고도 한다.

③ 슬라이드 커트(Slide Cut)

머리끝을 향해 가위를 미끄러지듯 커트하는 기법으로 자연스러움과 가벼움을 표현하기 위해 부드럽게 연결하는 동작을 말한다. 가위를 벌려 짧은 길이에서 긴 길이를 연결할 때 사용된다.

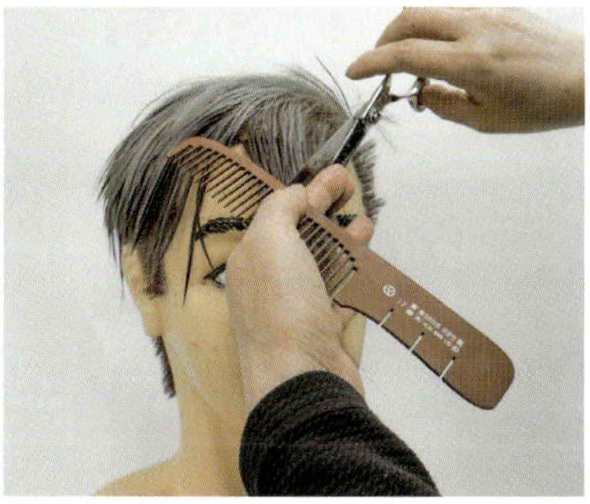

④ 싱글링(Shingling)

모발이 짧아서 손으로 잡기 힘들 때 주로 사용하는 방법으로 네이프에서 시작하여 빗에 모발에 대고 위로 이동하면서 가위를 개폐한다.

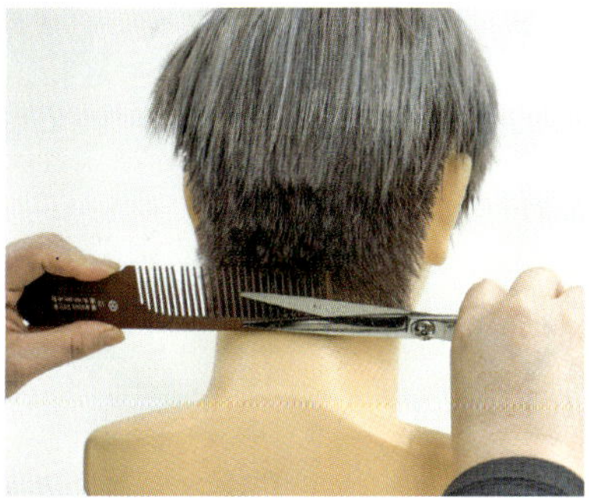

⑤ 포인팅 커트(Pointing Cut)

모발 끝에서 스트랜드를 잡고 손가락 쪽으로 가위를 세로로 나칭보다 더 깊게 넣어 커트하는 기법이다. 질감은 가위가 들어가는 깊이와 횟수에 따라 달라진다. 드라이가 끝난 다음 마무리 기법에서 주로 사용다.

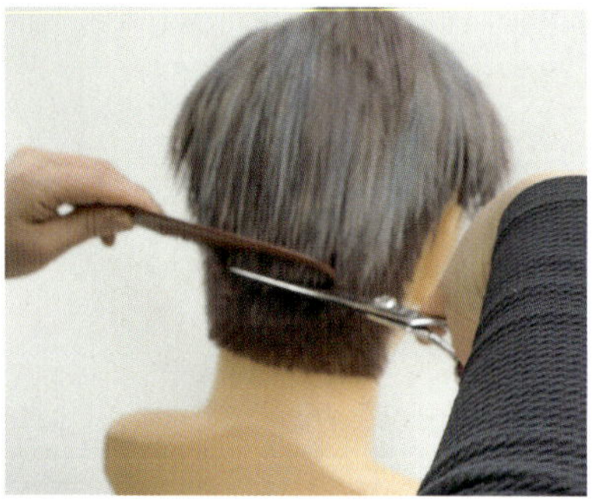

⑥ 콤 컨트롤(Comb Control)

헤어커트 시 모발에 손을 대지 않고 빗만 이용하여 커트하는 기법으로 모발 길이를 커트할 때 텐션을 최소화 하기 위해 빗을 사용한다.

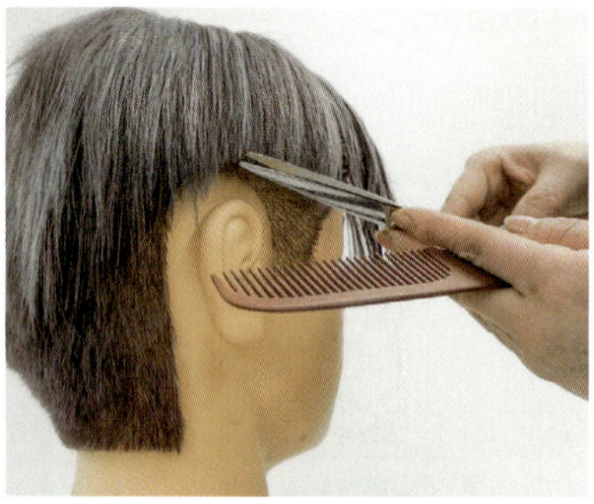

⑦ 프리 핸즈 커트(Free Hands Cut)- 감각 커팅

손가락이나 다른 어떤 도구를 사용하지 않고 자유롭게 행하는 커트방법이다. 텐션을 가하지 않는 상태에서 시술되며 모류의 방향성을 최대한 살려 느낌만으로 시술한다.

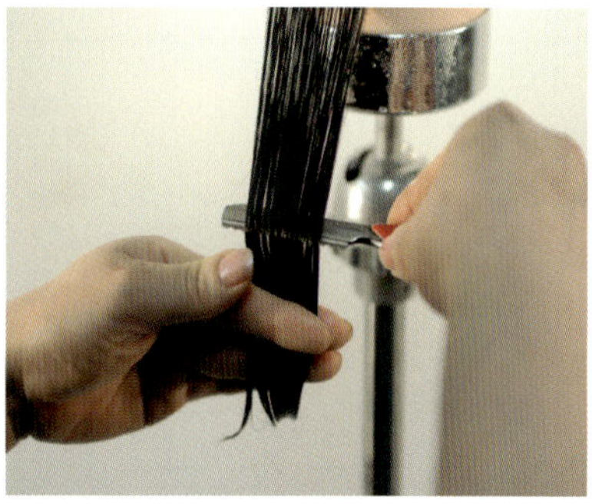

⑧ 레이저 아킹 (Razor Arching)

모발의 안쪽에 레이저 날을 갖다 대고 반원형을 그리듯 커트하는 기법이다. 커트 후 안 말음 효과가 있다.

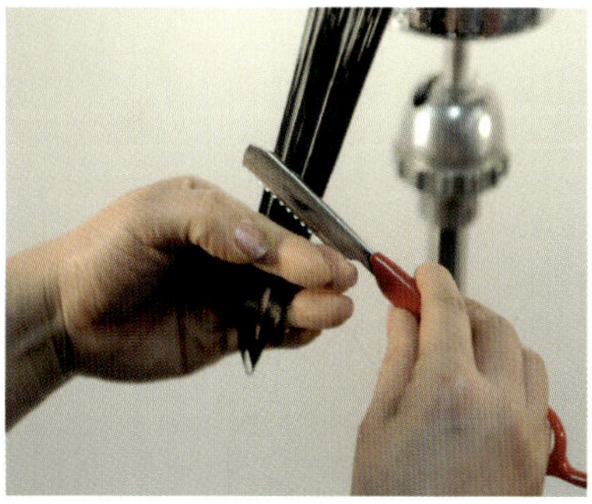

⑨ 레이저 에칭(Razor Etching)

모발의 길이와 무게감을 줄이면서 모발을 커트하기 위해 모발의 표면을 커트하는 방법으로 날의 위치는 모발의 위에 위치한다. 스트로크의 길이가 모발 끝의 페이퍼하는 양을 결정하며 커트 후 겉 말음 효과가 있다.

⑩ 슬라이싱(Slicing)

모발 표면에 따라 가위를 개폐하고 미끄러지듯 커트하는 방법으로 가위의 벌린 정도에 따라 질감을 표현하고 정리할 때 사용된다. 불규칙한 움직임이나 가벼운 이미지를 나타내고 싶을 경우 사용된다.

⑪ 겉마름 기법(Bevel Up)

스트랜드 바깥쪽 부분을 레이저를 이용하여 질감을 주는 방법으로서 에칭 기법을 한층 더 효과 있게 표현하고자 할 때 사용된다. 시술각이나 압력은 원하는 시술 결과에 따라 조절 가능하다.

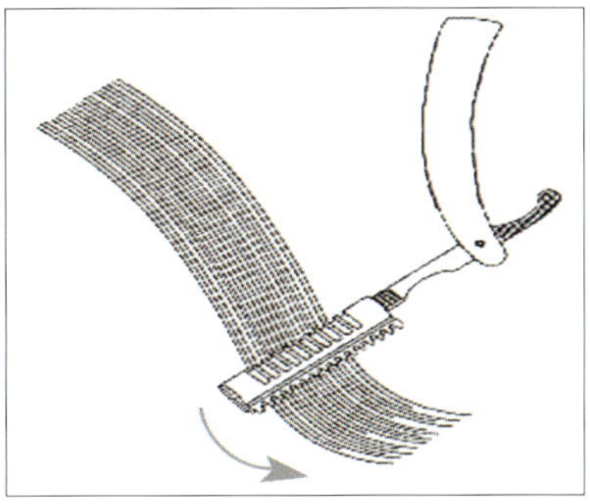

⑫ 안마름 기법(Bevel Under)

스트랜드 안쪽을 레이저를 이용하여 질감을 주는 방법으로서 아킹을 한층 더 효과 있게 표현하고자 할 때 사용된다. 테이퍼 되는 숱의 양을 볼 수 있기 때문에 원하는 만큼의 질감 처리를 할 수 있으며 모발 끝이 안쪽로 잘 말려 들어가게 하는 기법으로 사용된다.

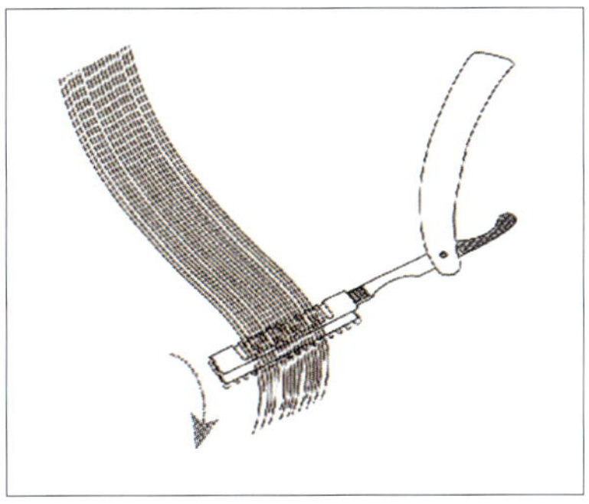

⑬ 레이저 회전 기법 (Razer Rotation)

무게감를 줄이고 레어저와 빗을 이용하여 부분을 연결하거나 두상의 윤곽에 따라 모발을 밀착 시킬 때 사용된다. (레이저와 빗을 사용하여 두상에 밀착시켜 회전한다)

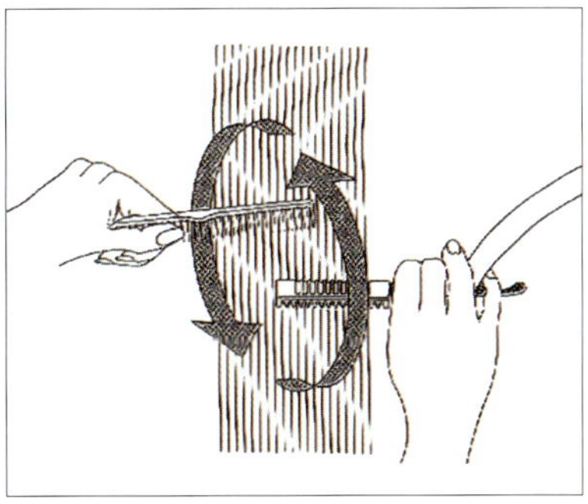

MAN'S CUT

PART 2
남성커트 실기

01 남성커트의 기본 스타일

남성커트 기본 스타일은 스포츠, 상상고, 중상고, 하조발, 중발, 장발이 있다.

I. 상상고 스타일(High Gradation Short Hair)

학습 내용	상상고 스타일
수업 목표	• 상상고 스타일의 기본 구조를 분석할 수 있다. • 상상고 커트의 시술 순서를 할 수 있다. • 상상고 커트를 위해 시술 각도를 조절할 수 있다. • 상상고 커트를 위해 바리캉을 사용할 수 있다. • 상상고 스타일에 맞는 틴닝 가위를 사용하여 질감 처리를 할 수 있다.

도해도

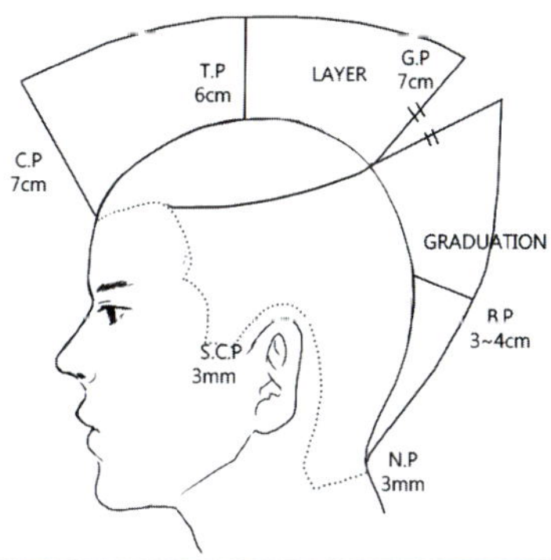

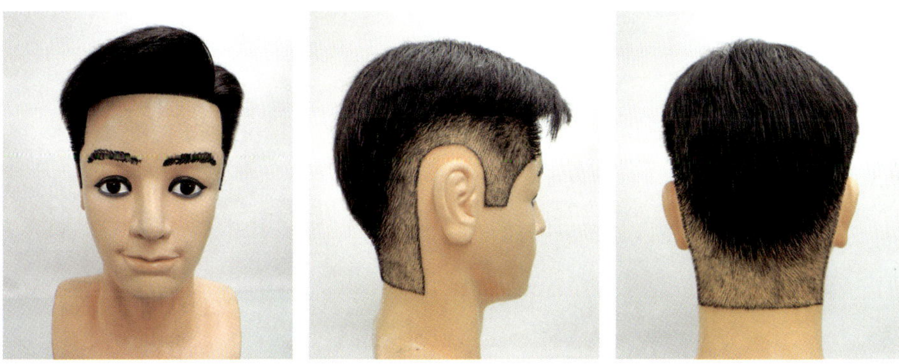

상상고 스타일(High Gradation Short Hair)

[순서]

① C.P-7cm, T.P-6cm, G.P-7cm, B.P-3~4cm, N.P-3mm 길이로 커트한다.

② 전두부는 틴닝 가위를 사용하여 모발 숱을 감소시킨다.

③ 네이프와 측두부는 바리캉 3mm를 사용하여 모발을 떠올려 깎는다.

④ 네이프 가운데부터 좌 · 우측으로 접합부를 자연스럽게 싱글링한다.

⑤ 튀어나온 부위를 세워 깎기로 모발 표면을 수정한다.

[시술 과정]

1 C·P는 7cm, T·P 6cm를 가이드로 설정하여 틴닝 가위로 C·P에서 T·P 방향으로 모발의 1/3~1/4을 질감 처리한다.

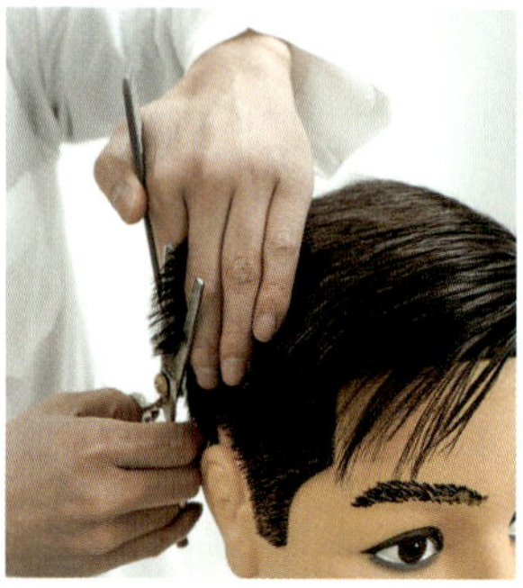

2 S·P의 모발을 3~4cm로 커트하고, 길이를 설정하여 자연시술각 60°~80°로 모발의 1/3~1/4를 틴닝 가위로 질감 처리하여 라인 커트 한다.

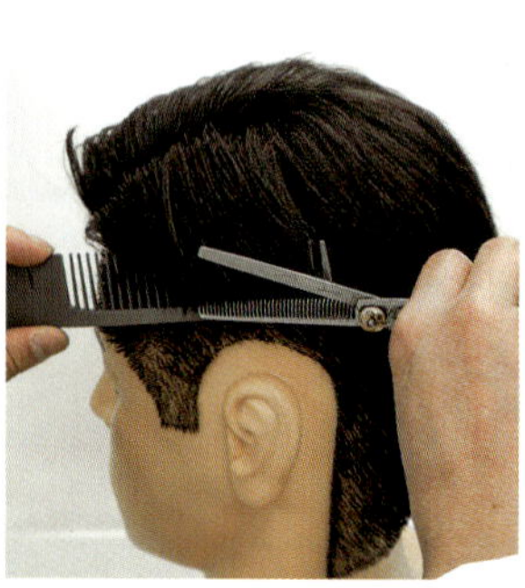

3 S·P의 모발을 U라인까지 연속 깎기, 떠내 깎기 틴닝 기법으로 모량을 조절한다.

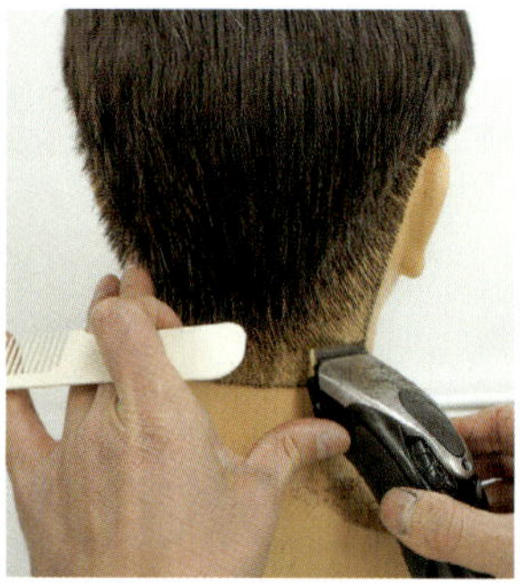

4 바리캉(3mm)을 사용하여 모발의 모근부터 N·P 3~4cm, S·P 2~3cm 이상 떠올려 깎기로 커트한다

5 N·P에서 S·P의 방향으로 바리캉이 끝나는 부분의 접합부를 자연시술각 60°~80°로 밀어 깎기와 연속 깎기로 자연스럽게 층이 나지 않게 연결한다.

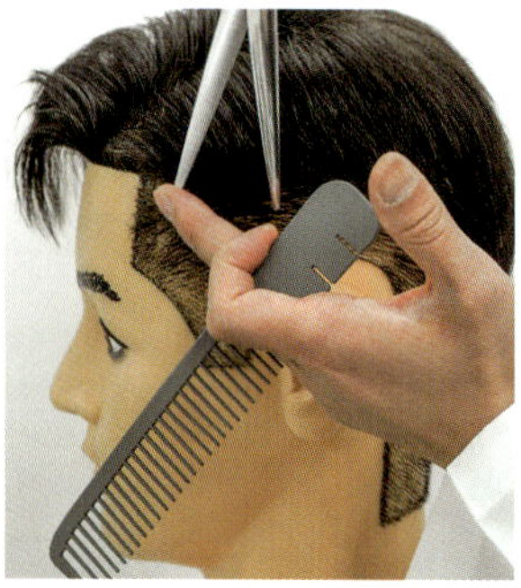

6 시술 후 튀어나온 부분을 S·P와 전체적으로 세워 깎기로 모발 표면을 수정한다.

[시술 과정] - 시술 과정 사진을 붙이세요.

①

②

③

④

⑤

⑥

⑦

⑧

완성(정면)

완성(측면)

완성(뒷면)

2. 중상고 스타일(Medium Gradation Short Hair)

학습 내용	중상고 스타일
수업 목표	• 중상고 스타일의 기본 구조를 분석할 수 있다. • 중상고 커트의 시술 순서를 할 수 있다. • 중상고 커트를 위해 시술 각도를 조절할 수 있다. • 중상고 커트를 위해 바리캉를 사용할 수 있다. • 중상고 스타일에 맞는 틴닝 가위를 사용하여 질감 처리를 할 수 있다.

도해도

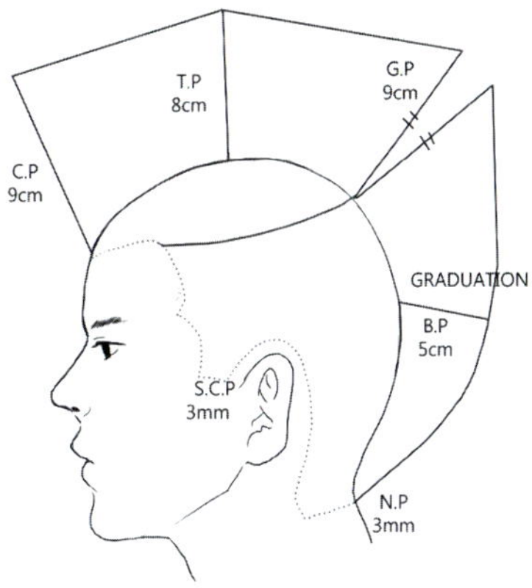

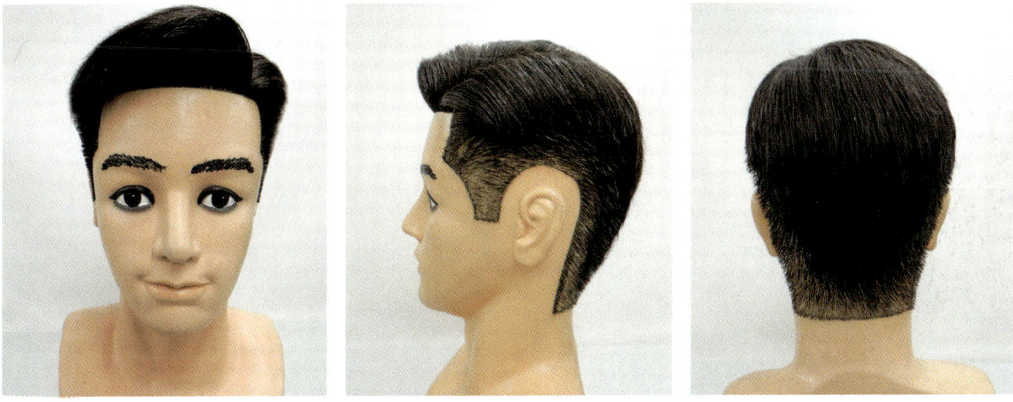

중상고 스타일 (Medium Gradation Short alr)

[순서]

① C.P-9cm, T.P-8cm, G.P-9cm, B.P-5cm, N.P-3mm 길이로 커트한다.

② 전두부는 틴닝 가위를 사용하여 모발 숱을 감소시킨다.

③ 네이프와 측두부는 바리캉 3mm를 사용하여 모발을 떠올려 깎는다.

④ 네이프 가운데부터 좌 · 우측으로 접합부를 자연스럽게 싱글링한다.

⑤ 튀어나온 부위를 세워 깎기로 모발 표면을 수정한다.

[시술 과정]

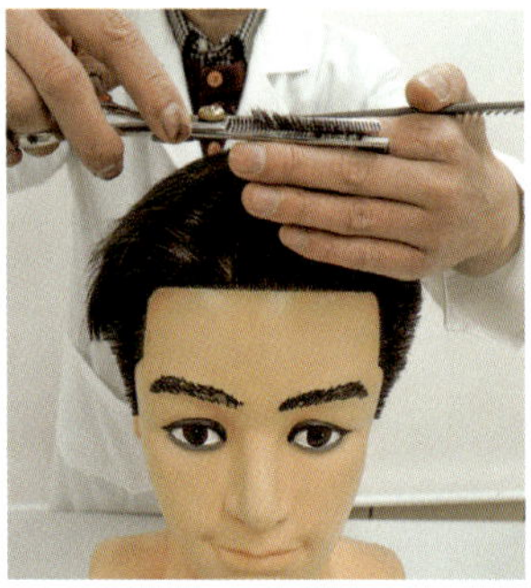

1 C·P 9cm, T·P 8cm를 가이드로 설정하여 틴닝 가위로 C·P에서 T·P 방향으로 모발을 1/3~1/4로 질감 처리한다.

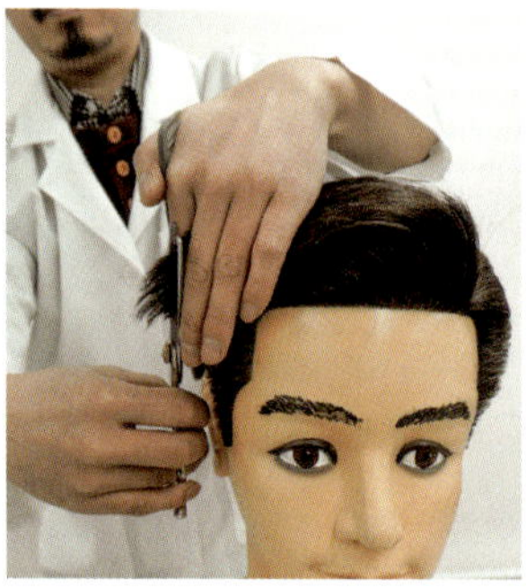

2 S·P를 5cm의 길이로 설정한 다음 틴닝 가위로 자연시술각 45°~60°가 되도록 모발의 1/3~1/4을 질감 처리하고 라인 커트한다.

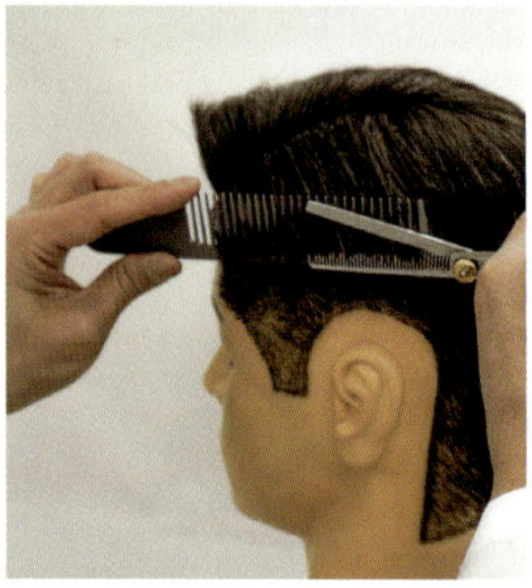

3 N·P와 S·P는 U라인 까지 떠내 깎기, 연속 깎기로 운행하면서 모발이 뭉쳐 있는 부분의 모량을 조절한다.

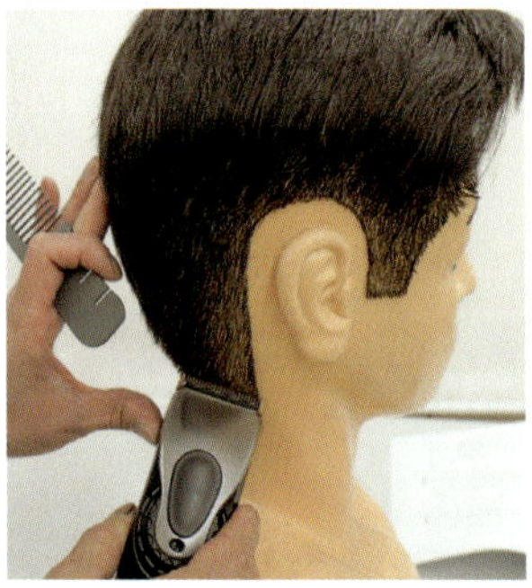

4 바리캉(3mm)를 조정하여 후두부부터 0°로 시작하여 모발의 모근부터 N·P 3~4cm, S·P 2~3cm 이상 떠올려 깎기로 커트한다.

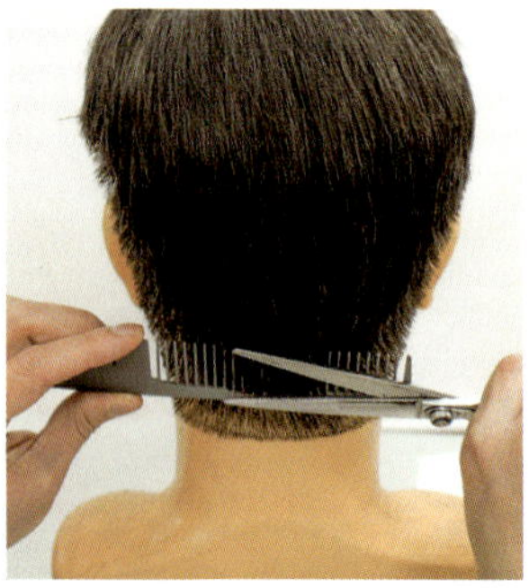

5 N·P에서 S·P의 방향으로 바리캉이 끝나는 부분의 접합부를 자연시술각 60°~80°로 밀어 깎기와 연속 깎기로 자연스럽게 층이 나지 않게 모발 색조를 조정하며 연결한다.

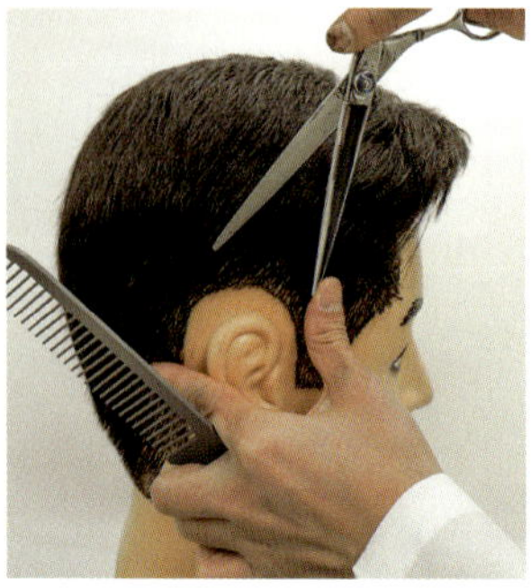

6 시술 후 튀어나온 부분을 전체적으로 세워 깎기로 모발 표면을 수정한다.

[시술 과정] - 시술 과정 사진을 붙이세요.

①

②

③

④

⑤

⑥

⑦

⑧

완성(정면)

완성(측면)

완성(뒷면)

3. 미용 라운드 스포츠 스타일(Round Brosse Hair Style)

학습 내용	미용 라운드 스포츠 스타일
수업 목표	• 라운드 스포츠 스타일의 기본 구조를 분석할 수 있다. • 라운드 스포츠 커트의 시술 순서를 할 수 있다. • 라운드 스포츠 커트를 위해 시술 각도를 조절할 수 있다. • 라운드 스포츠 커트를 위해 바리캉를 사용할 수 있다. • 라운드 스포츠 스타일에 맞는 질감 처리를 틴닝 가위를 사용하여 할 수 있다.

도해도

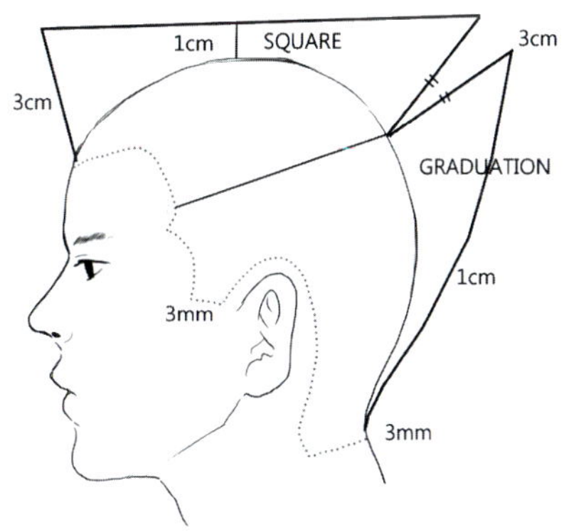

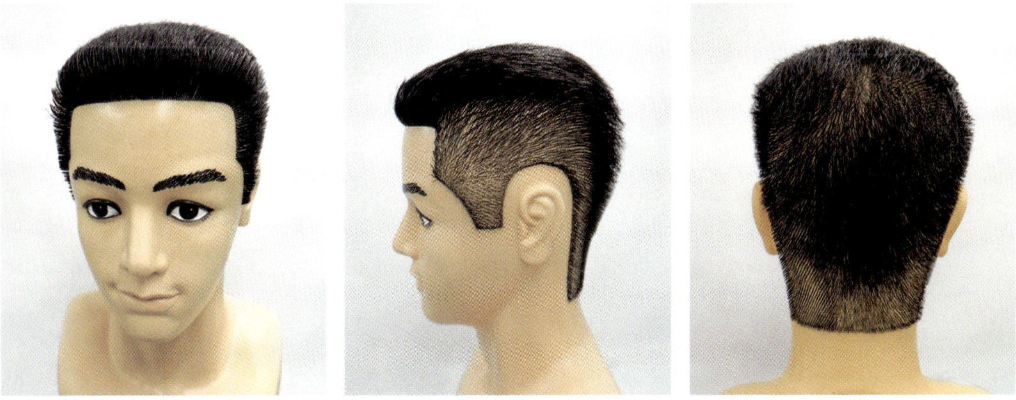

미용 라운드 스포츠 스타일(Round Brosse Hair Style)

[순서]

① C.P-3cm, T.P-1cm, G.P-3cm, B.P-1cm, N.P-3mm 길이로 커트한다.

② 바리캉를 사용하여 S·P~N·P 가이드에 맞춰 커트한다.

③ 가이드라인에 맞춰 전체적으로 블런트와 싱글링 커트한다.

④ 틴닝 가위로 질감 처리한다

[시술 과정]

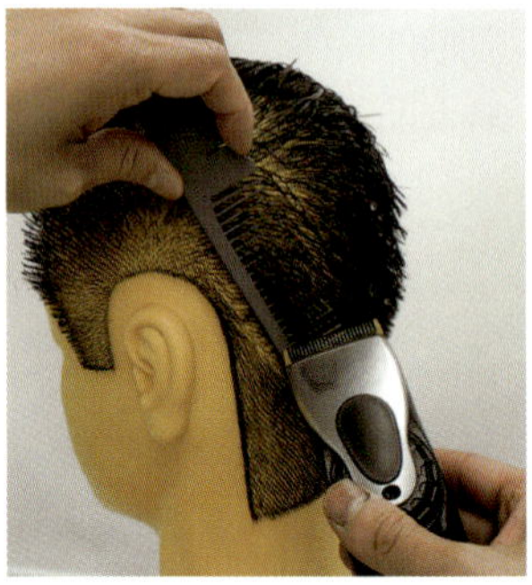

1 핀셋으로 F·S·P를 고정한 후 후두부를 바리캉으로 3~4cm 이상 후대각으로 연결하여 커트한다.

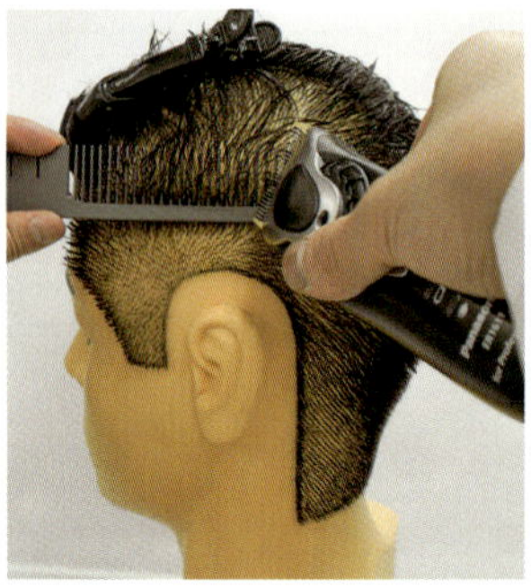

2 S·P의 밑머리는 빗을 두피에 대고 바리캉(1mm)을 조정하여 F·S·P 부분의 U라인까지 자연시술각 70~90°로 커트한다.

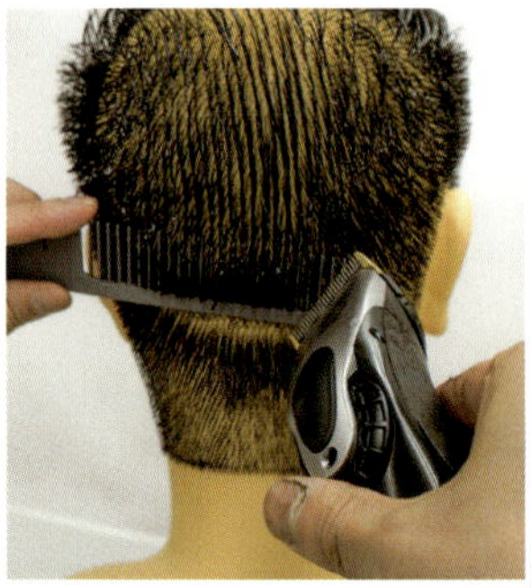

3 N·P는 일반 시술각 90°로 4~5cm 이상 B·P까지 바리캉을 사용하여 떠올려 깎기로 자연스럽게 연결한다.

4 전두부는 C·P 3cm, T·P 1cm 길이로 가이드를 설정하여 일반 시술각 90°로 라운드 커트한다.

5 B·P에서 G·P까지 90°로 연결한다.

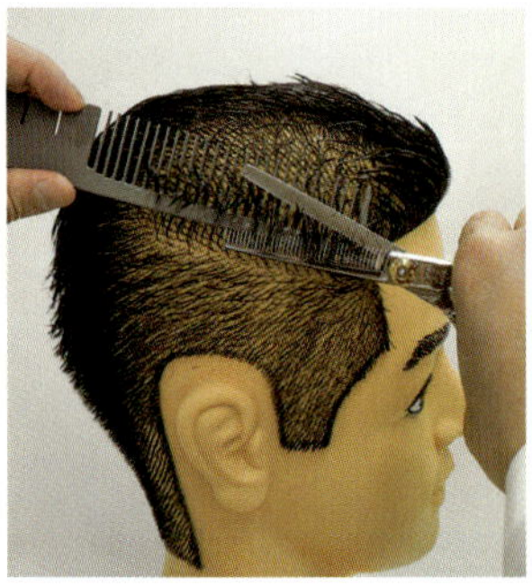

6 틴닝 가위를 사용하여 모량을 전체적으로 1/4~1/5 정도로 끝부분만 가볍게 질감 처리한다.

[시술 과정] - 시술 과정 사진을 붙이세요.

①

②

③

④

⑤

⑥

⑦

⑧

완성(정면)

완성(측면)

완성(뒷면)

4. 이용 스퀘어 스포츠 스타일(Square Brosse Hair Style)

학습 내용	이용 스퀘어 스포츠 스타일
수업 목표	• 이용 스퀘어 스포츠 스타일의 기본 구조를 분석할 수 있다. • 스퀘어 스포츠 커트의 시술 순서를 할 수 있다. • 스퀘어 스포츠 커트를 위해 시술 각도를 조절할 수 있다. • 스퀘어 스포츠 커트를 위해 바리캉을 사용할 수 있다. • 스퀘어 스포츠 스타일에 맞는 질감 처리를 틴닝 가위를 사용하여 할 수 있다.

도해도

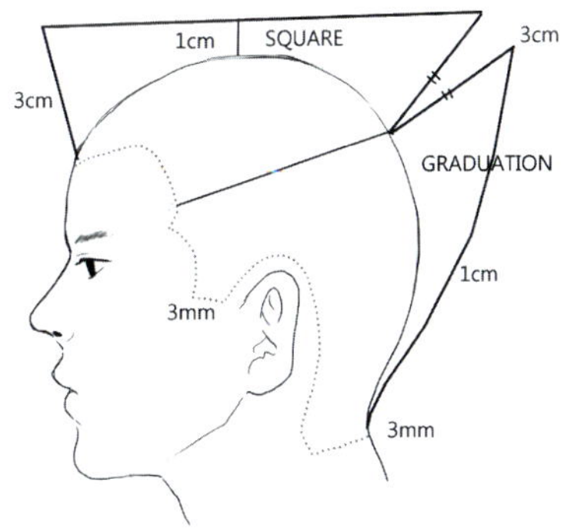

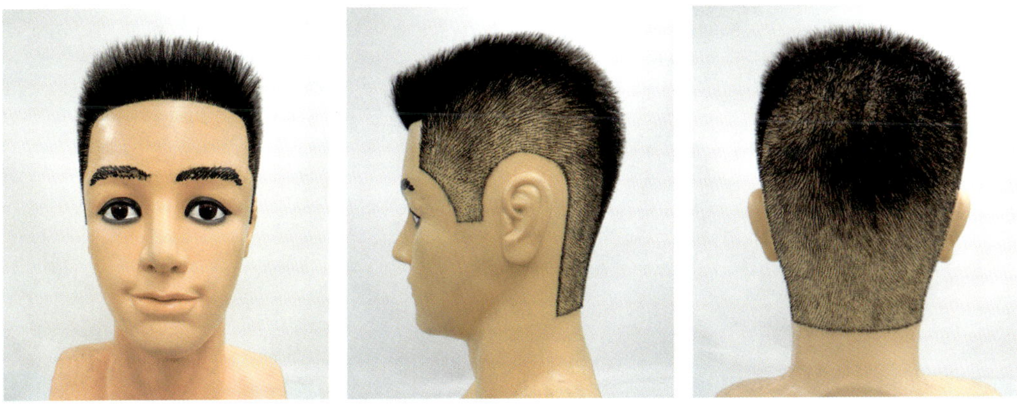

이용 스퀘어 스포츠 스타일(Square Brosse Hair Style)

[순서]

① C.P-3cm, T.P-1cm, G.P-3cm, B.P-1cm, N.P-3mm 길이로 커트한다.

② 바리캉를 사용하여 S · P~N · P 가이드에 맞춰 커트한다.

③ 가이드라인에 맞춰 전체적으로 블런트와 싱글링 커트한다.

④ 틴닝 가위로 질감 처리한다.

[시술 과정]

1 C·P 3cm와 T·P 1cm 길이로 가이드를 설정하여 수평으로 커트한다.

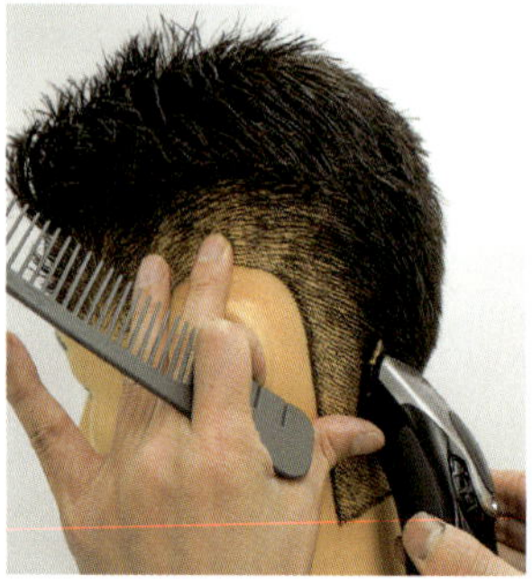

2 바리캉를 사용(3mm)하여 N·P는 4~5cm 이상 떠올려 깎는다.

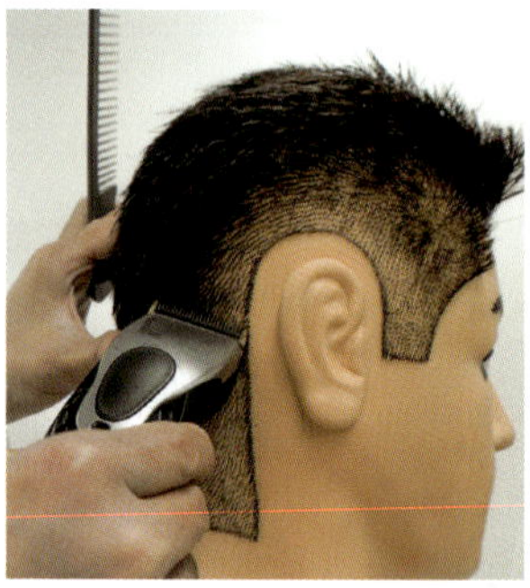

3 S·P는 밑머리 3cm 이상 바리캉으로 떠올려 깎는다.

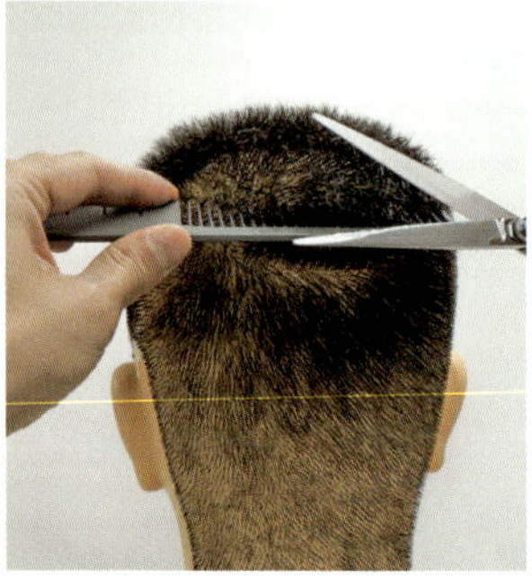

4 밀어 깎기로 B·P와 G·P 부분을 T·P까지 끌어올려 수평으로 연속 깎기로 스퀘어 모양으로 연결하며 커트한다.

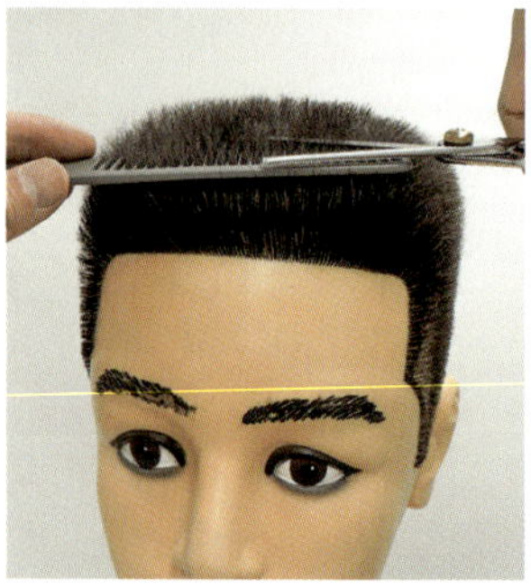

5 C·P에서 T·P 방향으로 틴닝 가위를 사용하여 모량을 전체적으로 1/4~1/5 정도로 모발 끝만 가볍게 질감 처리한다.

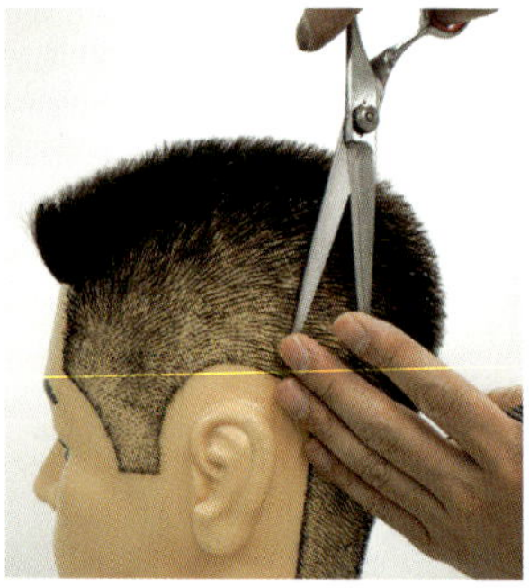

6 시술 후 튀어나온 부분을 S·P에서 B·P 방향으로 가위를 수직으로 세운 후 세워 깎기로 모발 표면을 수정한다.

[시술 과정] - 시술 과정 사진을 붙이세요.

①

②

③

④

⑤

⑥

⑦

⑧

완성(정면)

완성(측면)

완성(뒷면)

5. 하조발 스타일 (Low Gradation Short Hair = Hajobal Hair)

학습 내용	하조발 스타일
수업 목표	• 하조발 스타일의 기본 구조를 분석할 수 있다. • 하조발 커트의 시술 순서를 할 수 있다. • 하조발 커트를 위해 시술 각도를 조절할 수 있다. • 하조발 스타일에 맞는 질감 처리를 틴닝 가위를 사용하여 할 수 있다.

도해도

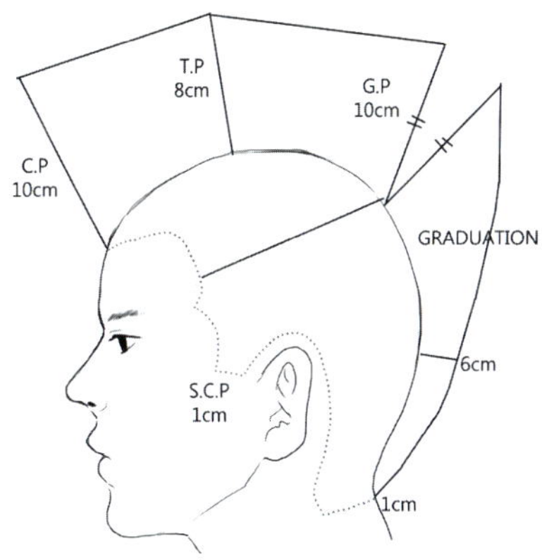

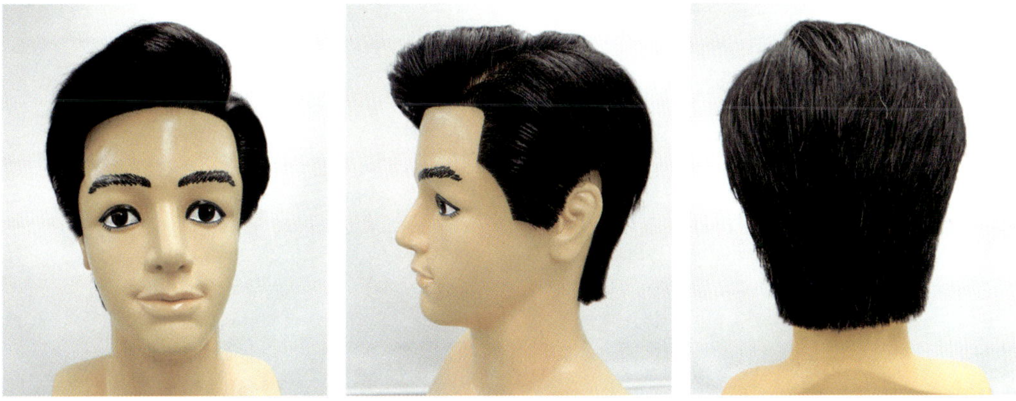

하조발 스타일(Low Gradation Short Hair)

[순서]

① C.P-10cm, T.P-8cm, G.P-10cm, B.P-6cm, N.P-1cm 길이로 커트한다.

② 모발 전체를 틴닝 가위를 사용하여 모발 숱을 감소하고 라인 커트한다.

③ 네이프 가운데부터 좌 · 우측으로 떠내 깎기와 연속 깎기로 커트한다.

④ 왼손의 엄지로 귀를 눌러 잡고 가위를 중지와 약지손가락에 지지하여 가위 끝으로 이어 라인을 정리한 후 아웃트 라인을 커트한다.

[시술 과정]

1 C·P 10cm, T·P 8cm를 가이드로 설정하고, 틴닝 가위를 사용하여 C·P에서 T·P 방향으로 모발의 1/3~1/4를 가볍게 질감 처리하여 라인 커트한다.

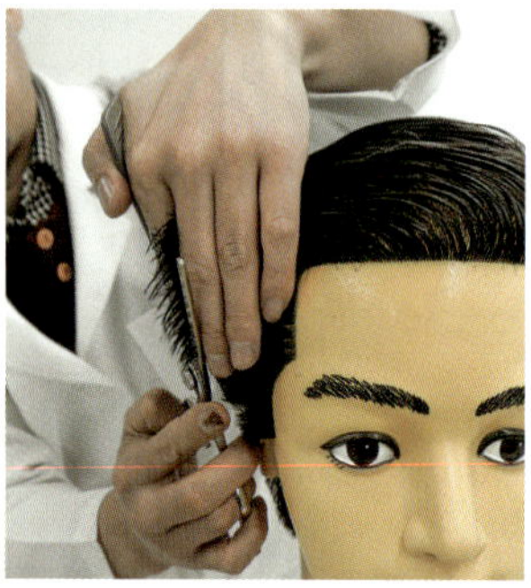

2 F·S·P 10cm, E·P 1cm의 길이로 설정하여 자연시술각 45°로 커트하고 모발의 1/3~1/4의 틴닝 가위로 질감 처리하여 라인 커트한다.

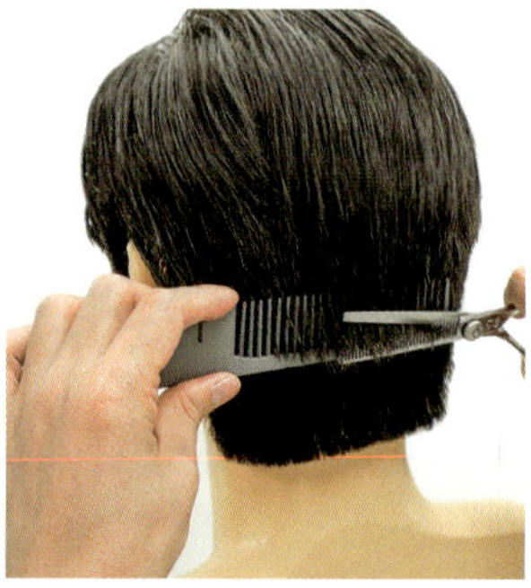

3 N·P에서 G·P로 틴닝 가위를 사용하여 떠내 깎기로 진행하면서 모발의 뭉쳐 있는 부분에 모량을 조절하면서 질감 처리한다.

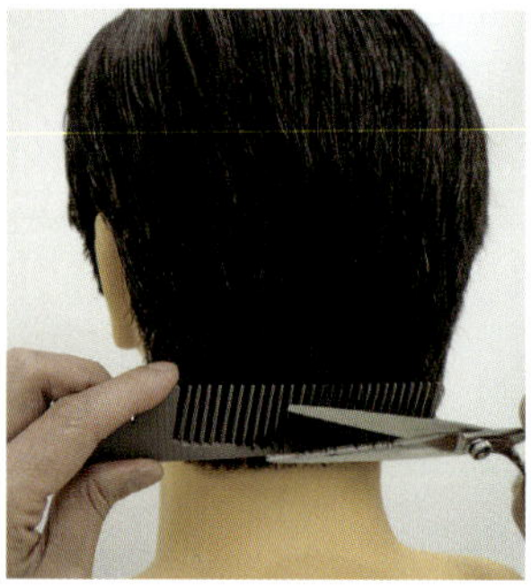

4 N·P에 장가위를 사용하여 떠내 깎기, 연속 깎기로 층이 지지 않게 흐름을 연결하면서 밑머리만 가볍게 커트한다.

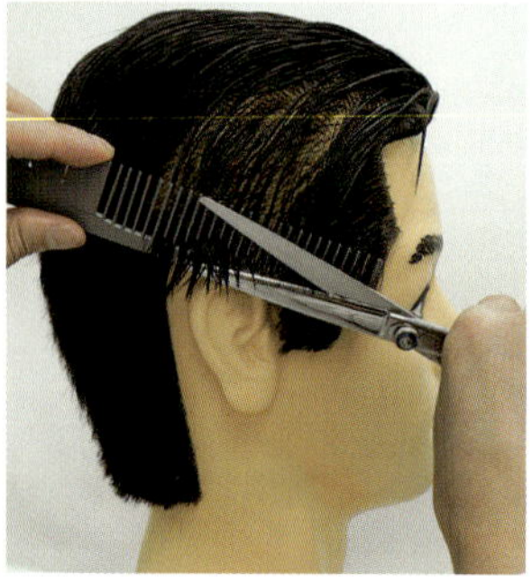

5 S·P의 좌·우측과 측두부 밑머리가 귀 상단과 닿는 기준으로 커트한다.

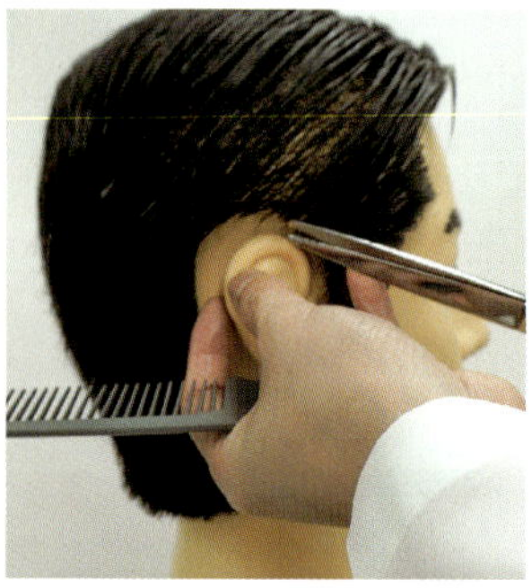

6 이어 라인을 정리하여 준다.

[시술 과정] - 시술 과정 사진을 붙이세요.

①

②

③

④

⑤

⑥

⑦

⑧

완성(정면)

완성(측면)

완성(뒷면)

6. 중발 스타일 (Half Long Hair Style=Medium Length Hair Style)

학습 내용	중발 스타일
수업 목표	• 중발 스타일의 기본 구조를 분석할 수 있다. • 중발 커트의 시술 순서를 할 수 있다. • 중발 커트를 위해 시술 각도를 조절할 수 있다. • 중발 스타일에 맞는 질감 처리를 틴닝 가위를 사용하여 할 수 있다.

도해도

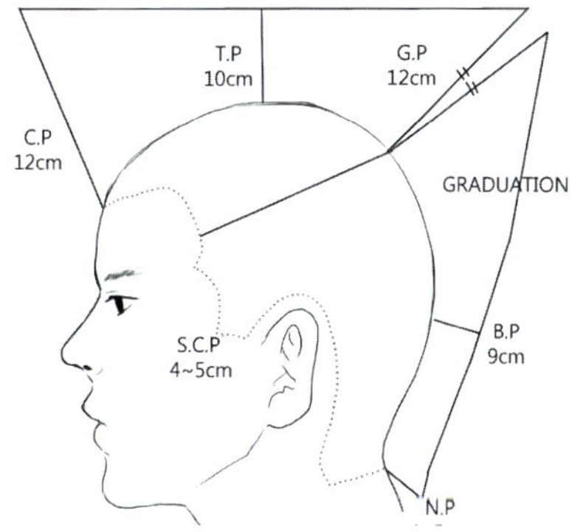

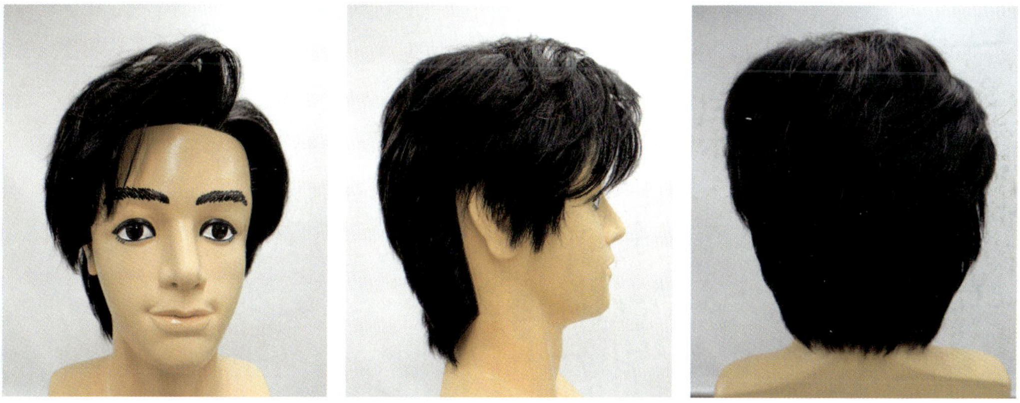

중발 스타일 (Half Long Hair Style)

[순서]

① C.P-12cm T.P-10cm, G.P-12cm, B.P-9cm, N.P-4~5cm 길이로 커트한다.

② 모발 전체를 틴닝 가위를 사용하여 모발 숱과 라인 커트한다.

③ 네이프부터 좌 · 우측으로 떠내 깎기로 커트한다.

④ 이어 라인과 아우트 라인을 정리한다.

⑤ 전체적으로 가볍게 끝만 정리한다.

[시술 과정]

1 C·P는 12cm, T·P는 10cm를 가이드를 설정하여 틴닝 가위로 C·P에서 T·P 방향으로 모발의 1/3~1/4만 질감 처리한다. 자연시술각 90°로 모발을 들어 뒷부분으로 조금씩 당겨 짧아지게 커트한다.

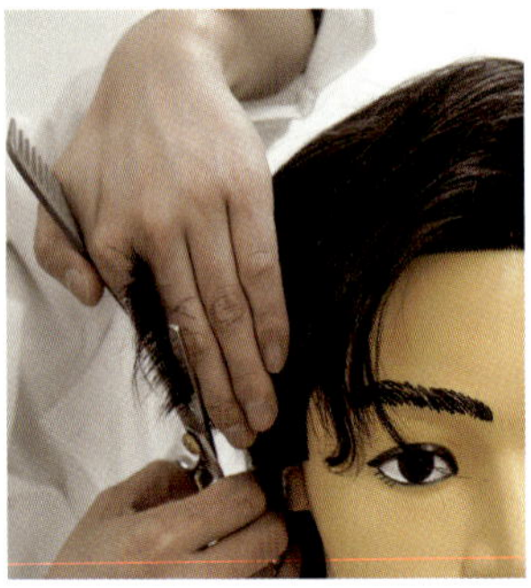

2 F·S·P는 12cm, E·P의 길이 4~5cm를 설정하여 자연시술각 45°로 층의 흐름을 연결시키면서 각도를 조절한다. 모발의 1/3~1/4을 틴닝 가위로 질감 처리하고 라인 커트한다.

3 떠내 깎기로 S·P에서 U라인까지 틴닝 가위을 사용하여 모발이 뭉쳐 있는 부분의 모량을 조절한다.

4 장가위를 사용하여 떠내 깎기로 N·P의 층이 지는 모발이나 삐져나온 끝머리를 수정한다.

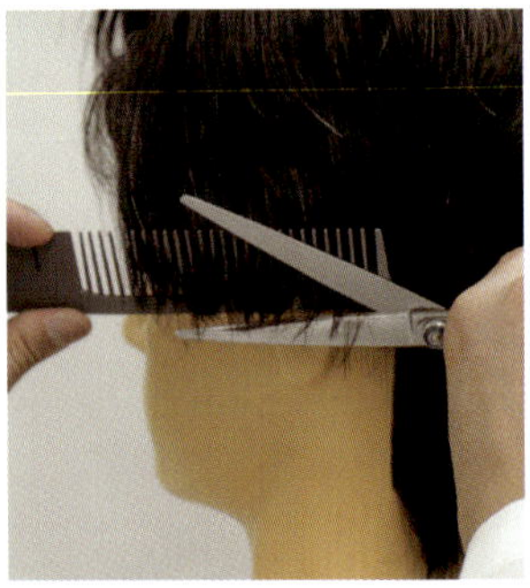

5 장가위를 사용하여 떠내 깎기로 S·P에서 모발 길이를 연결시켜 전대각으로 커트하고 삐져나온 끝머리를 정리한다.

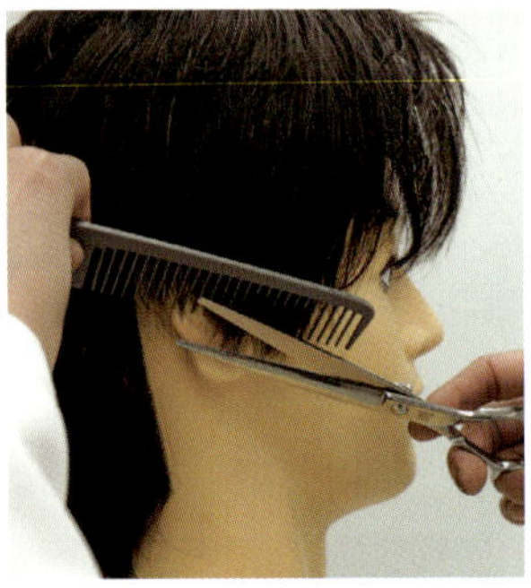

6 측두부 밑머리는 귀 상단 1/2을 가린 기준으로 아우트 라인을 깔끔하게 정리한다.

[시술 과정] - 시술 과정 사진을 붙이세요.

①

②

③

④

⑤

⑥

⑦

⑧

완성(정면) 완성(측면) 완성(뒷면)

7. 장발 스타일(Long Hair Style)

학습 내용	장발 스타일
수업 목표	• 장발 스타일의 기본 구조를 분석할 수 있다. • 장발 커트의 시술 순서를 할 수 있다. • 장발 커트를 위해 시술 각도를 조절할 수 있다. • 장발 스타일에 맞는 질감 처리를 틴닝 가위를 사용하여 할 수 있다.

도해도

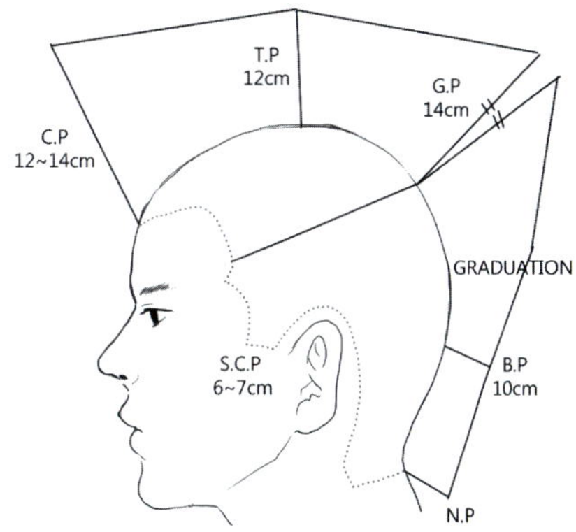

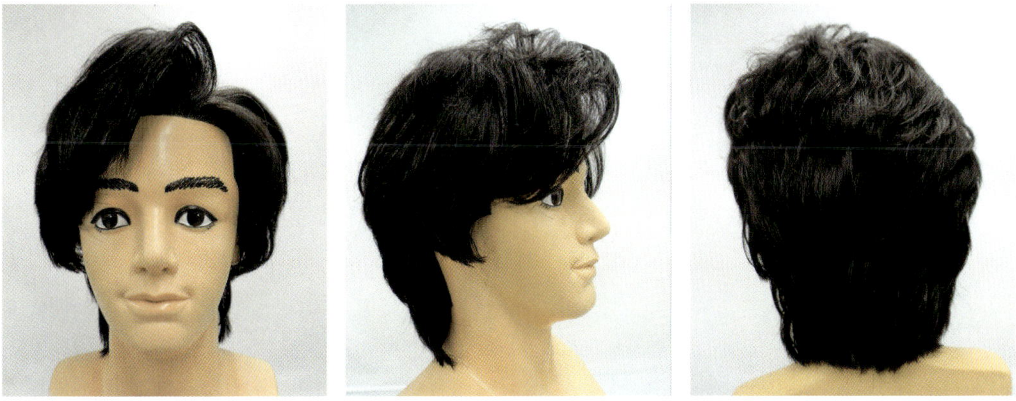

장발 스타일 (Long Hair Style)

[순서]

① C.P-12cm~14cm, T.P-12cm, G.P-14cm, B.P-10cm, N.P-6~7cm 길이로 커트한다.

② 모발 전체를 틴닝 가위를 사용하여 모발 숱과 라인 커트한다.

③ 네이프부터 좌 · 우측으로 떠내 깎기로 커트한다.

④ 이어 라인과 아우트 라인을 정리한다.

⑤ 전체적으로 가볍게 끝부분을 정리한다.

[시술 과정]

1 C·P 12~14cm, T·P 12cm를 가이드로 설정하고, 틴닝 가위를 사용하여 C·P에서 T·P 방향으로 모발의 1/3~1/4 끝부분을 가볍게 라인 커트한다.

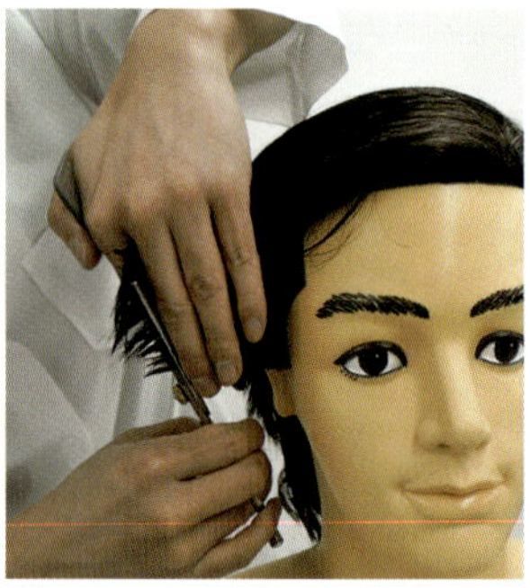

2 F·S·P와 E·P의 길이를 6~7cm로 설정하여 자연시술 1°~30°로 층을 연결시킨다.모발의 1/3~1/4을 틴닝 가위로 질감 처리하여 라인 커트한다.

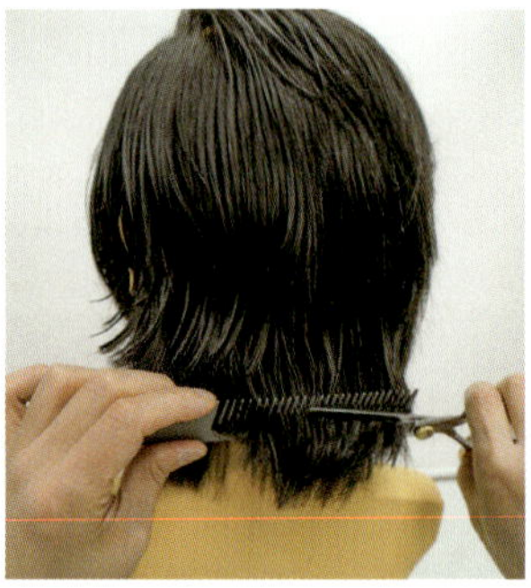

3 N·P에서 U라인 부분을 떠내 깎기로 틴닝 가위를 사용하여 모발이 뭉쳐 있는 부분에 모량을 조절하며 질감 처리를 한다.

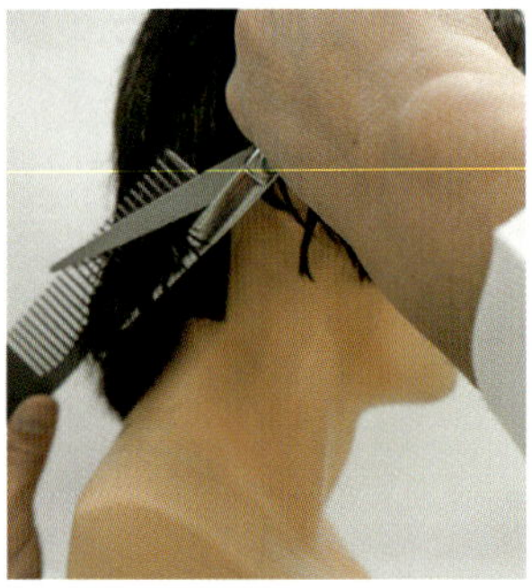

4 장가위를 사용하여 N·P에서 S·P까지 층이지는 머리나 삐져나온 끝머리를 정리한다.

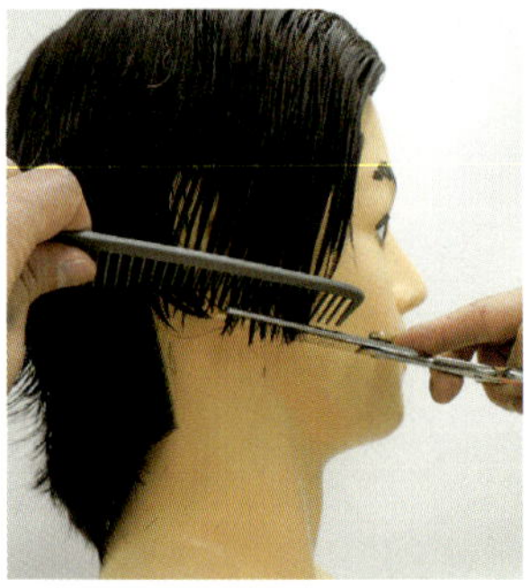

5 측두부는 귀 하단 1~2cm를 가린 기준으로 깔끔하게 정리하며, N·P는 두툼하게 고르는 듯 커트한다.

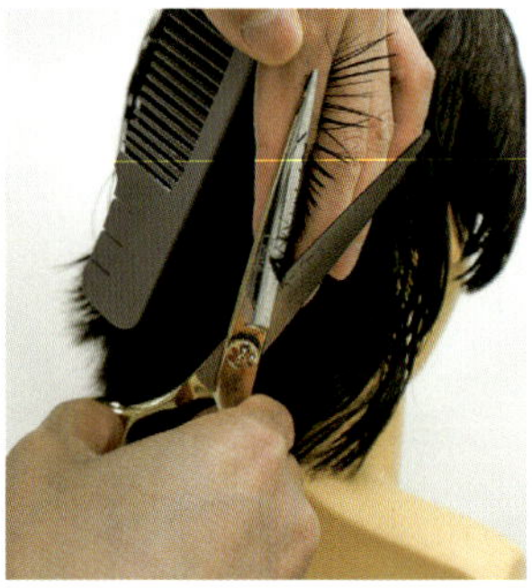

6 지간 깎기로 전체적으로 가볍게 모발의 끝부분을 정리한다.

[시술 과정] - 시술 과정 사진을 붙이세요.

①

②

③

④

⑤

⑥

⑦

⑧

완성(정면)

완성(측면)

완성(뒷면)

CHAPTER

02 남성커트 응용 스타일

MAN'S CUT MAN'S CUT MAN'S CUT MAN'S CUT MAN'S CUT MAN'S CUT MAN'S CUT MAN'S CUT MAN'S CUT

남성커트 응용 스타일은 인디, 댄디, 모히칸, 투블럭이 있다.

1. 인디 스타일(Indie Style)

앞머리와 옆머리가 짧은 인디풍의 언밸런스 스타일의 커트로 앞머리와 옆머리를 3, 6, 9, 12mm 등으로 극단적으로 짧게 잘라 주고 톱이나 가르마로 올라갈수록 점점 길어지게 잘라 주는 것이 포인트이다.

학습 내용	인디 스타일
수업 목표	• 인디 스타일의 기본 구조를 분석할 수 있다. • 인디 커트의 시술 순서를 할 수 있다. • 인디 커트를 위해 시술 각도를 조절할 수 있다. • 인디 스타일에 맞는 질감 처리를 틴닝 가위를 사용하여 할 수 있다.

도해도

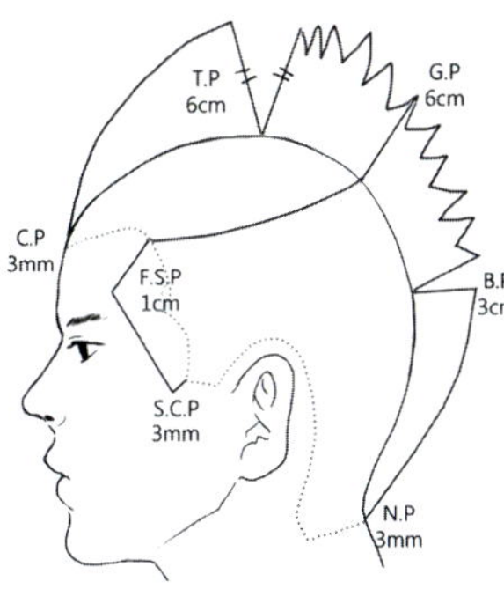

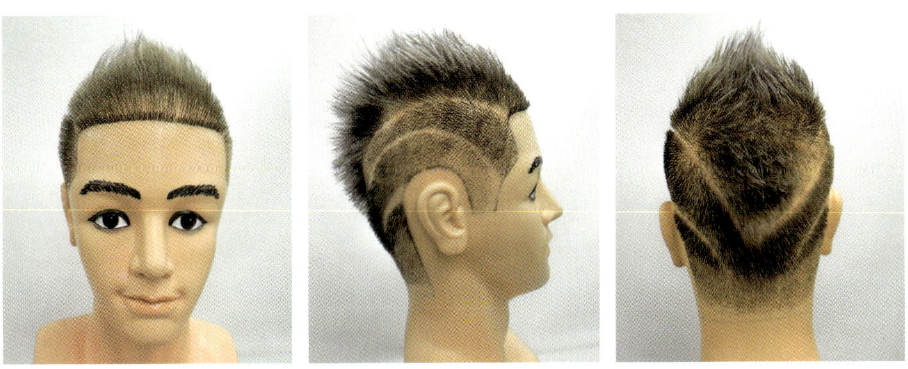

인디 스타일 (Indie Style)

[순서]

① C.P-3mm, T.P-6cm, G.P-6cm, B.P-3cm, N.P-3mm 길이로 커트한다.

② 라운드 브로킹을 한 후 언더존은 3mm~3cm로 싱글링 커트한다.

③ 라운드 브로킹의 오버존은 가이드에 맞게 블런트 커트한다.

④ 틴닝 가위로 숱과 질감 처리한다.

⑤ 세워 깎기로 튀어나온 부분을 정리한다.

[시술 과정]

1 C·P에 길이를 3mm로 설정하여 연속 깎기로 C·T·M·P까지 점진적으로 모발이 길어지게 사선 커트한다.

2 측두부의 S·P와 E·B·P의 귀밑머리는 3mm에서 시작하여 라운드 브로킹 전까지 1~3cm의 길이로 진행하면서 짧게 연속 깎기로 커트한다.

3 T·P의 길이를 6cm로 가이드를 설정하여 C·P 3mm의 가이드에 맞춰 T·P로 갈수록 모발이 길어지도록 사선 커트한다.

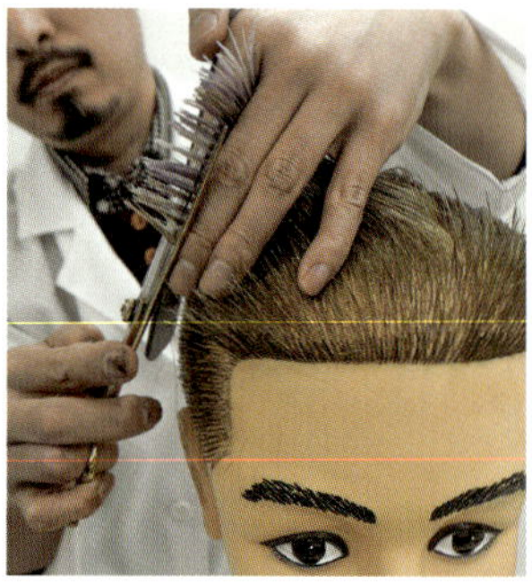

4 센터 라인의 설정된 가이드를 중심으로 좌·우측 F·S·P의 1cm 정도 가이드의 짧은 머리와 연결시켜 커트한다.

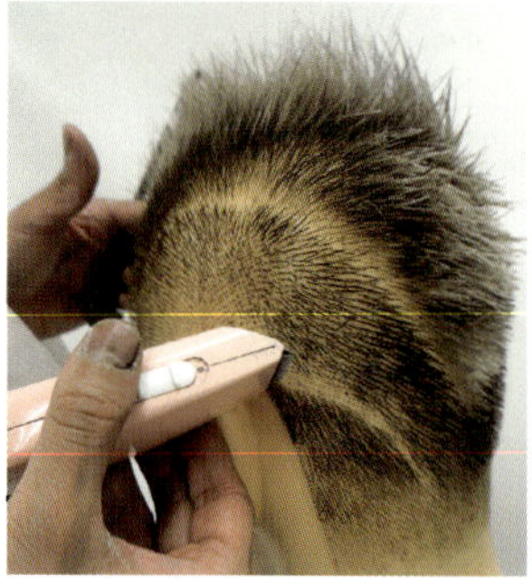

5 토끼 바리캉으로 측두부와 후두부에 스크러치를 넣어 디자인한다.

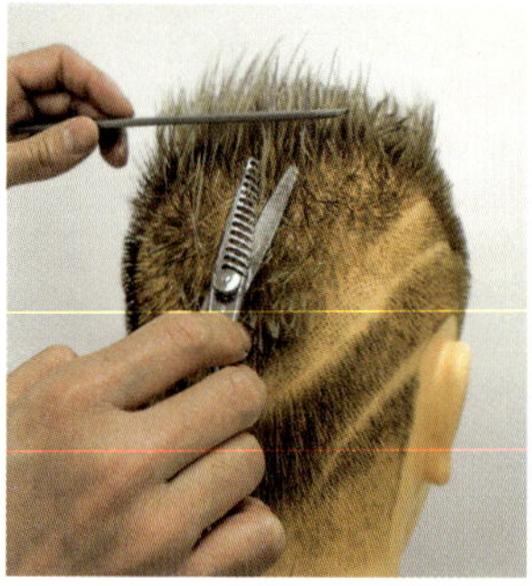

6 볼륨 형성과 모발을 세워주기 위해 B·P에서 G·P 방향으로 연결시키면서 뿌리에 틴닝 가위을 사용하여 질감 처리하고 세워 깎기로 삐져나온 모발을 수정한다.

[시술 과정] - 시술 과정 사진을 붙이세요.

①

②

③

④

⑤

⑥

⑦

⑧

완성(정면)

완성(측면)

완성(뒷면)

2. 댄디 스타일(Dandy Style)

영국 신사 머리라고도 하며 모발의 끝부분을 위주로 질감 처리를 하여 가볍고 차분하며 깔끔한 스타일의 커트이다. 전체적으로는 무게감을 주고 모발의 끝부분을 가볍게 처리함으로써 튀지 않고 단정하면서도 멋을 살릴 수 있다.

학습 내용	댄디 스타일
수업 목표	• 댄디 스타일의 기본 구조를 분석할 수 있다. • 댄디 커트의 시술 순서를 할 수 있다. • 댄디 커트를 위해 시술 각도를 조절할 수 있다. • 댄디 스타일에 맞는 질감 처리를 틴닝 가위를 사용하여 할 수 있다.

도해도

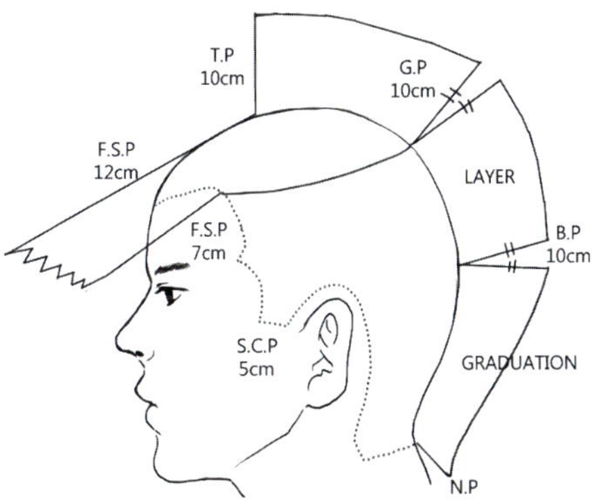

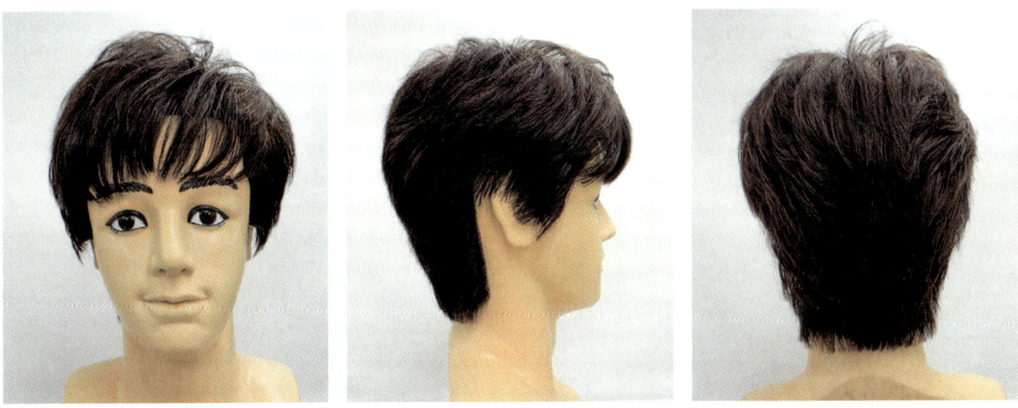

댄디 스타일(Dandy Style)

[순서]

① F·S·P-7~12cm, T.P-10cm, G.P-10cm, B.P-10cm, N.P-5cm로 커트한다.

② 가이드에 맞춰 N.P에서 B.P까지 자연시술각 70°로 연결하여 커트한다.

③ 앞머리를 비대칭으로 커트한다.

④ 모발 전체를 틴닝 가위를 사용하여 숱과 질감 처리한다.

⑤ 아우트 라인을 정리한다.

[시술 과정]

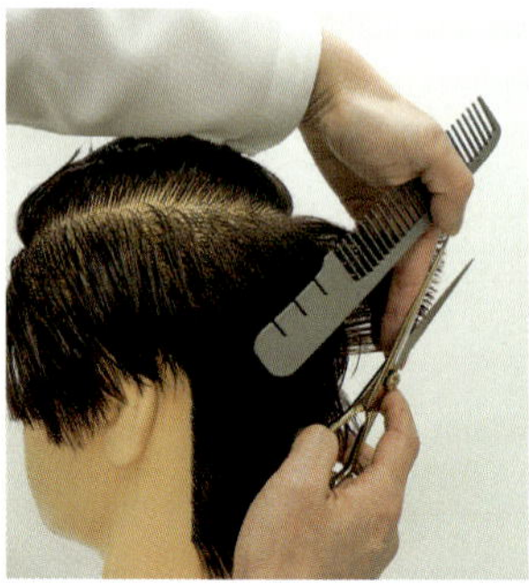

1 F·S·P에 길이 12cm를 설정하고 가이드에 맞춰 B·P를 10cm, N·P와 S·C·P 5cm의 길이로 설정하여 U라인까지 자연시술각 70°로 연결하여 커트한다.

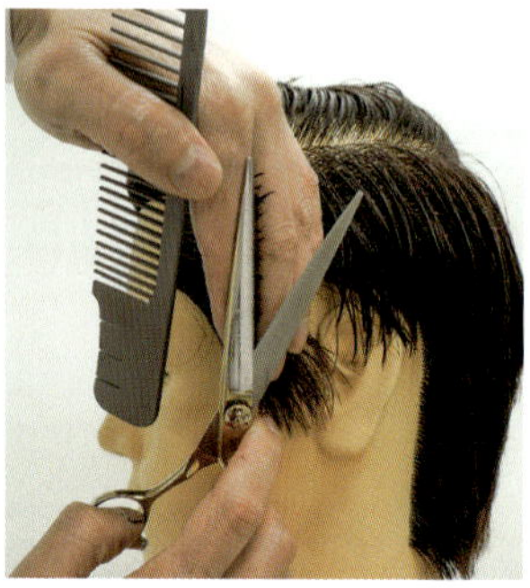

2 F·S·P에 길이 12cm를 설정하고 설정된 가이드에 맞춰 S·P를 10cm, N·P와 S·C·P 5cm의 길이로 설정하여 U라인까지 자연시술각 70°로 연결하여 커트한다.

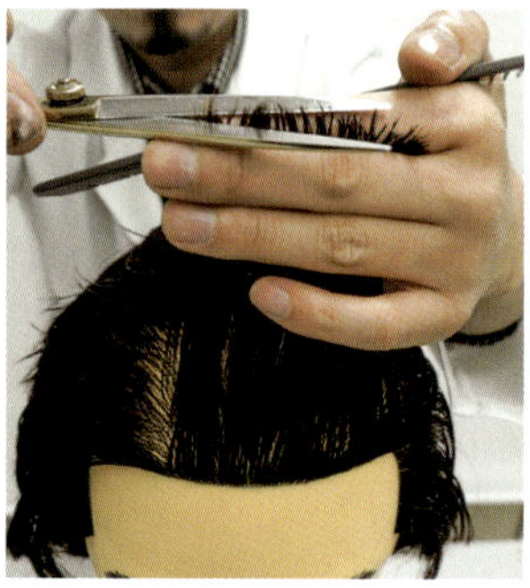

3 N·P에서 U라인 부분을 떠내 깎기로 틴닝 가위를 사용하여 모발이 뭉쳐 있는 부분에 모량을 조절하며 질감 처리를 한다.

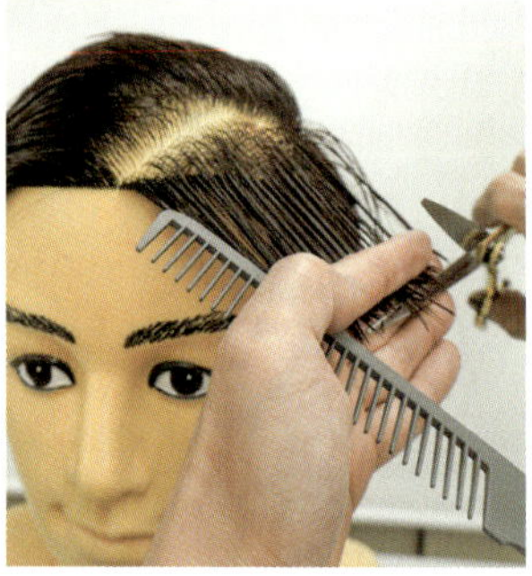

4 앞머리를 비대칭으로 하기 위하여 전대각으로 브로킹하여 좌측 F·S·P는 7cm, 우측 F·S·P의 12cm 길이로 사선으로 커트한다.

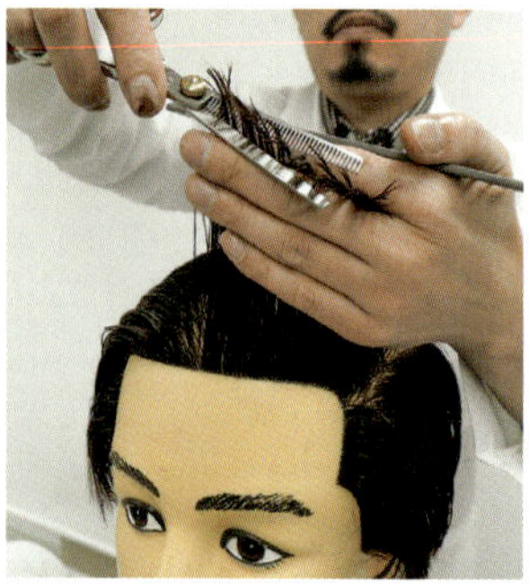

5 C·P 모발에 1/3~1/5 만큼 틴닝 가위을 사용하여 질감 처리한다.

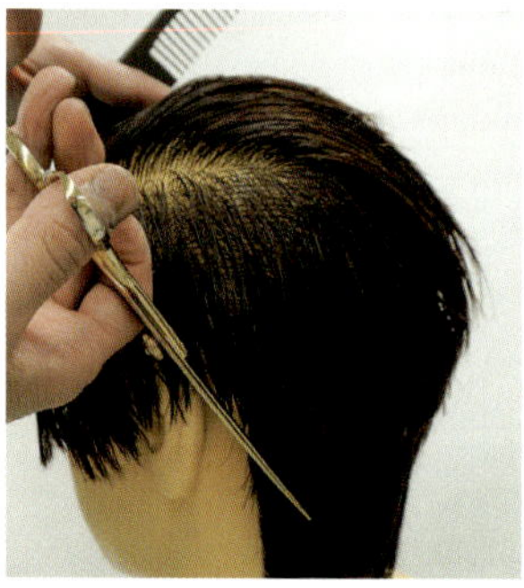

6 N·S·P와 N·P의 아우트 라인을 깔끔하게 정리한다.

[시술 과정] - 시술 과정 사진을 붙이세요.

①

②

③

④

⑤

⑥

⑦

⑧

완성(정면)

완성(측면)

완성(뒷면)

3. 투블록 스타일(2Block Style)

디스커넥션 커트 또는 블록 커트라고 말한다. 두 개의 블록을 나누어 옆머리는 짧게 커트하고 윗머리 부분은 길게 남겨 두는 스타일이다.

학습 내용	투블록 스타일
수업 목표	• 투블록 스타일의 기본 구조를 분석할 수 있다. • 투블록 커트의 시술 순서를 할 수 있다. • 투블록 커트를 위해 시술 각도를 조절할 수 있다. • 투블록 스타일를 위해 싱글링을 할 수 있다. • 투블록 스타일에 맞는 질감 처리를 틴닝 가위를 사용하여 할 수 있다.

도해도

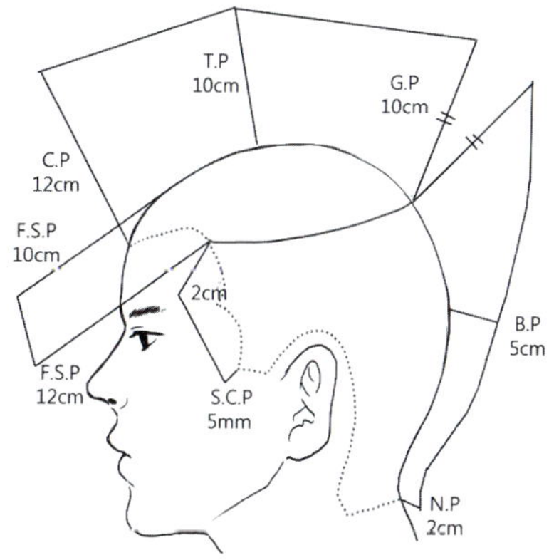

투블록 스타일 (2Block Style)

[순서]

① F·S·P-10~12cm, T.P-10cm, G.P-10cm, B.P-10cm, N.P-5mm로 커트한다.

② 가이드에 맞춰 N.P에서 B.P까지 5mm~2cm로 싱글링 커트한다.

③ 앞머리를 비대칭으로 커트한다.

④ 모발 전체를 틴닝 가위로 모발 숱을 감소하고 슬라이싱으로 모량을 조절한다.

[시술 과정]

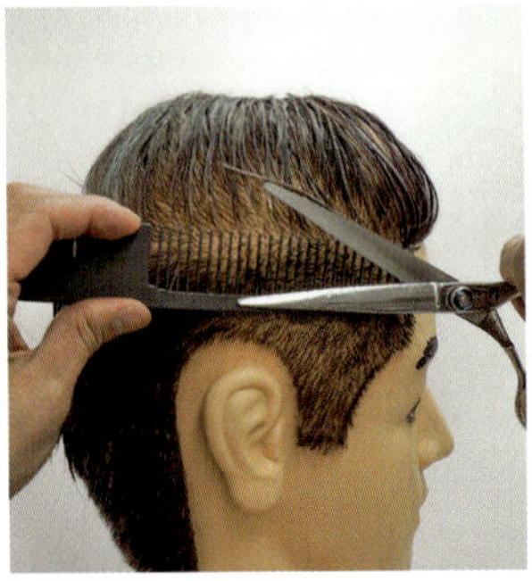

1 S·P와 N·S·P는 귀밑머리 5mm와 F·S·P에 2cm를 블로킹하여 싱글링 커트한다.

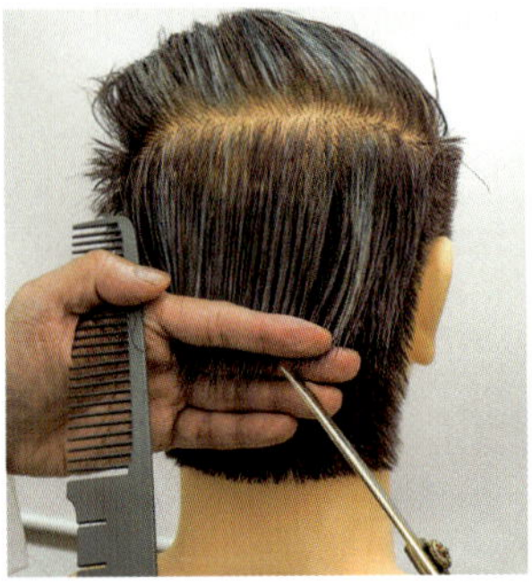

2 B·P를 5cm로 가이드를 설정한다.

3 G·P에 모발의 길이를 9cm로 두상 각도 90°로 B·P가 무게감이 없도록 레이어 커트를 한다.

4 앞머리의 좌측 F·S·P에서 B·P와 G·P를 연결하면서 우측 F·S·P는 12cm로 가이드를 설정하고, 우측 방향으로 비대칭하게 커트한다.

5 T·P를 10cm의 길이로 가이드를 설정한 후 우측 F·S·P의 12cm와 연결시켜 준다.

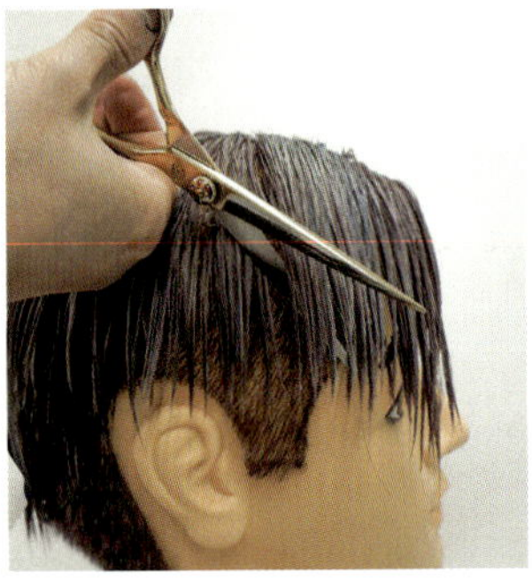

6 S·P는 모발의 흐름과 방향을 잡으면서 전체적으로 C커브 기법으로 슬라이싱 커트하여 가볍게 한다.

[시술 과정] - 시술 과정 사진을 붙이세요.

①

②

③

④

⑤

⑥

⑦

⑧

완성(정면)

완성(측면)

완성(뒷면)

4. 모히칸 스타일(Mohican Style)

중앙 라인의 모발은 길게 남겨 두고 옆 부분은 짧게 커트하는 스타일이다. 앞머리와 옆머리가 짧고 톱이나 가마 부분으로 올라갈수록 점점 길어지게 커트하는 스타일이다.

학습 내용	모히칸 스타일
수업 목표	• 모히칸 스타일의 기본 구조를 분석할 수 있다. • 모히칸 커트의 시술 순서를 할 수 있다. • 모히칸 커트를 위해 시술 각도를 조절할 수 있다. • 모히칸 커트를 위해 싱글링을 할 수 있다. • 모히칸 스타일에 맞는 질감 처리를 틴닝 가위를 사용하여 할 수 있다.

도해도

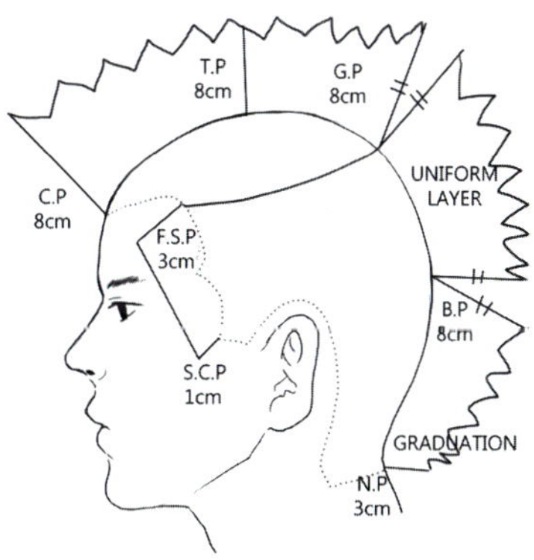

모히칸 스타일(Mohican Style)

[순서]

① C.P-8cm, T.P-8cm, G.P-8cm, B.P-8cm, N.P-3cm 길이로 커트한다.

② S·P~N·S·P까지 1~3cm로 자연스럽게 연결하면서 싱글링 커트한다.

③ 가이드에 맞게 블런트와 슬라이싱 커트한다.

④ 틴닝 가위로 모발 숱과 질감 처리한다.

⑤ 세워 깎기로 튀어나온 부분을 정리한다.

[시술 과정]

1 S·P의 귀밑머리 1cm와 F·S·P에 모발의 길이를 3cm 설정하여 연속 깎기로 N·S·P까지 연결하여 커트한다.

2 T·P를 8cm의 길이로 가이드를 설정하여 두상 90°로 F·S·P와 연결하여 커트한다.

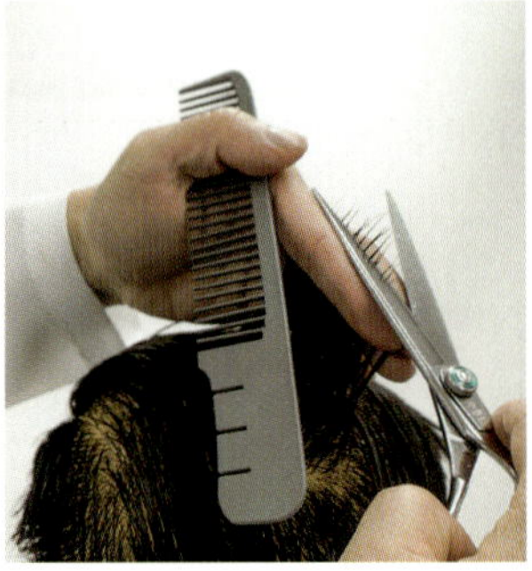

3 G·P로 T·P와 같은 길이 8cm로 설정하여 두상 90°로 커트한다.

4 센터 라인을 중심으로 슬라이싱 커트와 틴닝 가위로 방향감을 잡아주면서 질감 처리한다.

5 모발이 뭉치지 않도록 가볍게 포인팅한다.

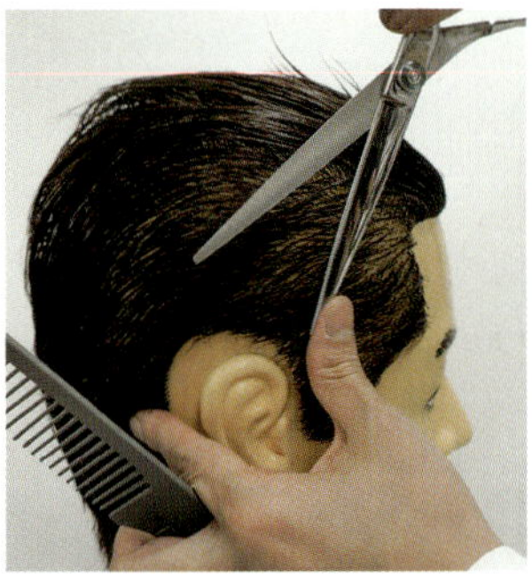

6 세워 깎기로 S·P와 E.B·P의 튀어나온 부분을 정리한다.

[시술 과정] - 시술 과정 사진을 붙이세요.

①

②

③

④

⑤

⑥

⑦

⑧

완성(정면)

완성(측면)

완성(뒷면)

MAN'S CUT

PART 3

이용사 실기시험

01 조발술

조발술은 머리를 깎아 다듬는 기술을 말한다.

[사전 준비물]
통가발, 스프링홀더, 장가위, 틴닝 가위, 바리캉, 빗 세트, 분무기, 천가분, 천가분통, 털이솔, 목종이(넥페이퍼), 커트보, 타월 2장

1. 성인 남성의 보통 조발

시술 과정

- 전두부- 후두부 상단 - 양측 두부 - 후두부 순

① 넥페이퍼는(목종이) 마네킹 목에 두른다.
② 넥페이퍼가 1cm 정도 보이게 타월과 커트보를 두른다.
③ C.P는 8~9cm, T.P는 6~7cm, G.P는 7~8cm 길이로 지간 깎기 한다.
④ 측두부는 우측에서 좌측으로 돌려 깎기를 한다.
⑤ 전두부는 틴닝 가위를 사용하여 모발 숱을 감소시킨다.
⑥ 네이프(2cm)와 측두부(1cm)는 바리캉을 사용하여 모발을 올려 깎는다.
⑦ 네이프 가운데에서부터 좌 · 우측으로 접합부를 자연스럽게 싱글링한다.
⑧ 파우더를 모발의 층이 형성된 부분에 바른 후 튀어나온 부위를 세워 깎기 기법으로 모발 표면을 수정한다.

도해도

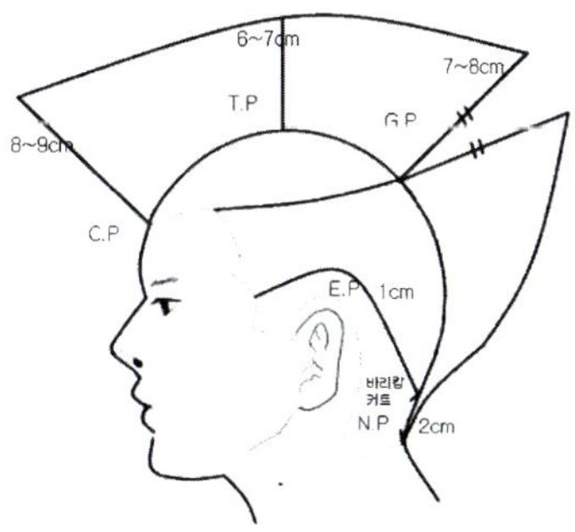

자격 과목	이용사	과제명	정발술	척도	N.S

※ 예시 도면 (성인남자의 보통 조발)

정면

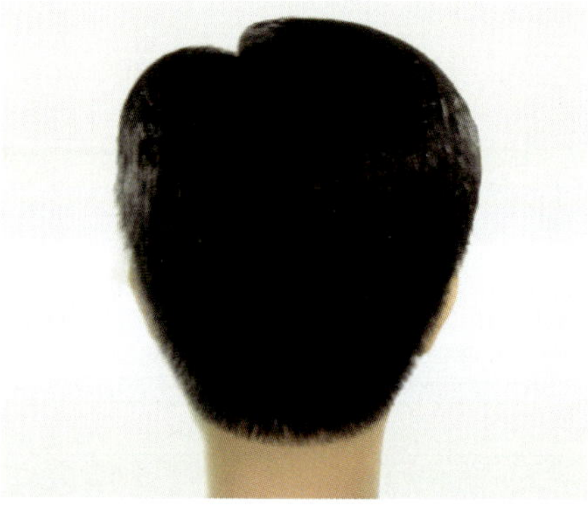
뒷면

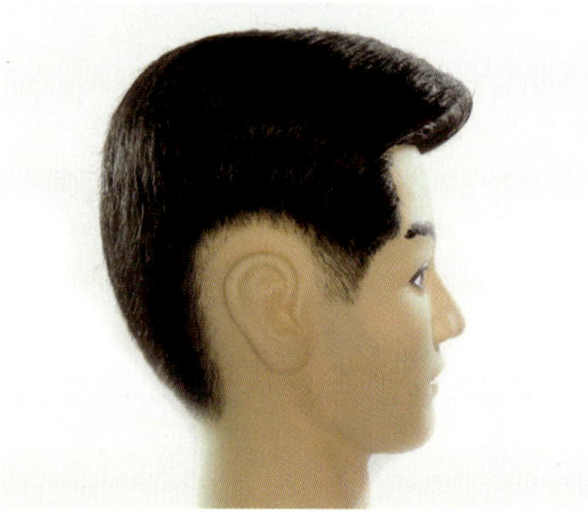
우측

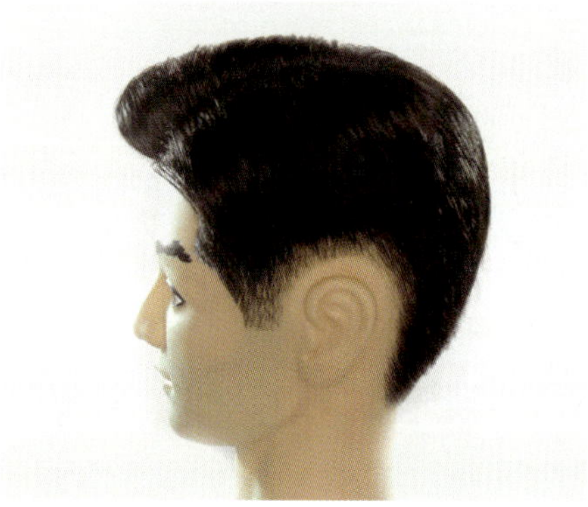
좌측

(출처: 한국산업인력공단 Q-NET 공개자료)

※ 시술 과정 사진을 붙이세요.

①

②

③

④

⑤

⑥

완성(정면)

완성(측면)

완성(뒷면)

2. 장교 머리형

시술 과정

- 전두부- 후두부 상단- 양측 두부- 후두부 순

① 넥페이퍼는(목종이) 마네킹 목에 두른다.

② 넥페이퍼가 1cm 정도 보이게 타월과 커트보를 두른다.

③ C.P는 7~8cm, T.P는 5~6cm, G.P는 6~7cm 길이로 지간 깎기 한다.

④ 측두부는 우측에서 좌측으로 돌려 깎기를 한다.

⑤ 전두부는 틴닝 가위를 사용하여 모발 숱을 감소시킨다.

⑥ 네이프(3cm)와 측두부(2cm)는 바리캉을 사용하여 모발을 올려 깎는다.

⑦ 네이프 가운데에서부터 좌 · 우측으로 접합부를 자연스럽게 싱글링한다.

⑧ 파우더를 모발의 층이 형성된 부분에 바른 후 튀어나온 부위를 세워 깎기 기법으로 모발 표면을 수정한다.

도해도

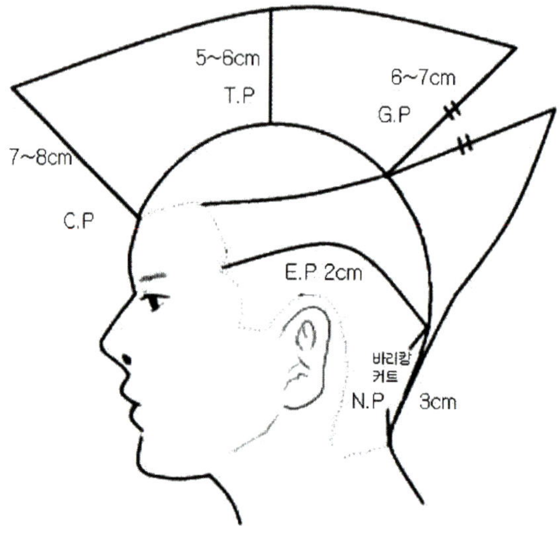

자격 과목	이용사	과제명	정발술	척도	N.S

※ 예시 도면 (장교 머리형)

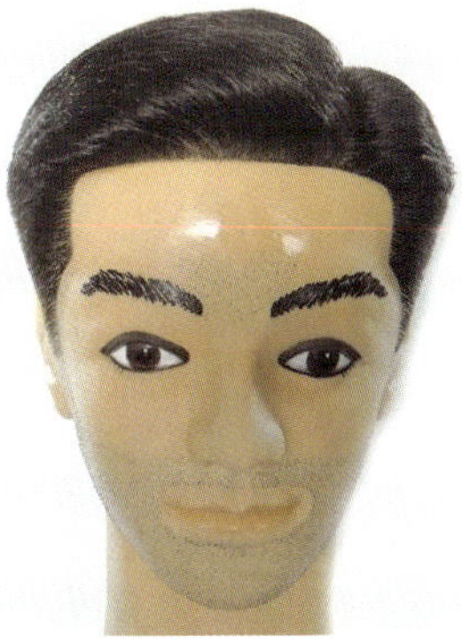
정면

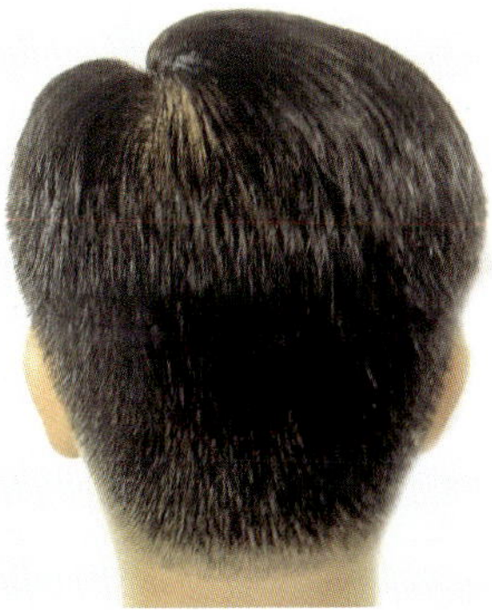
뒷면

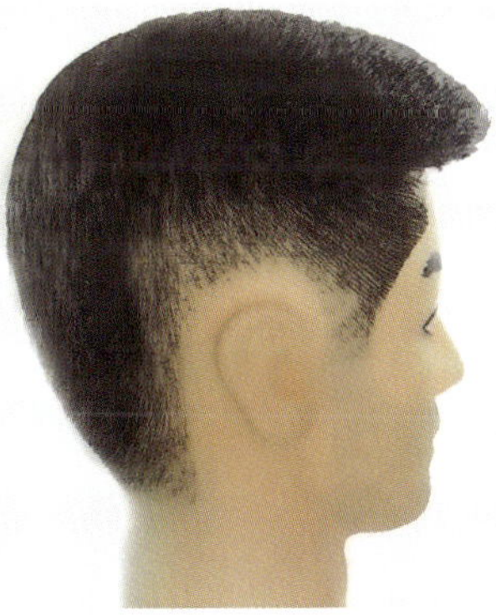
우측

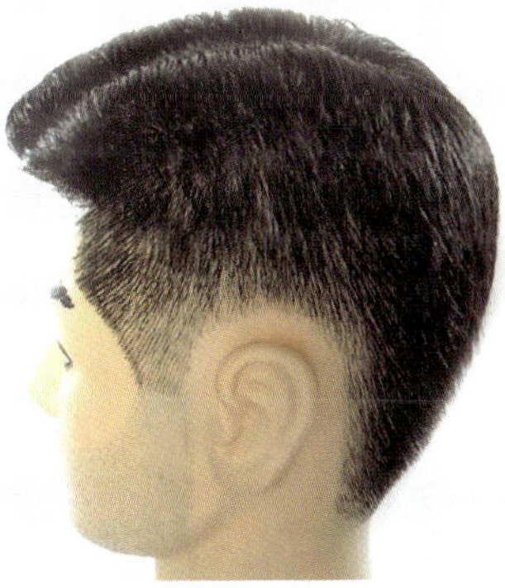
좌측

(출처: 한국산업인력공단 Q-NET 공개자료)

※ 시술 과정 사진을 붙이세요.

①

②

③

④

⑤

⑥

완성(정면)

완성(측면)

완성(뒷면)

3. 라운드 브로스 커트

시술 과정

- 전두부- 후두부 상단- 양측 두부- 후두부 순

① 넥페이퍼는(목종이) 마네킹 목에 두른다.

② 넥페이퍼가 1cm 정도 보이게 타월과 커트보를 두른다.

③ C.P는 3~4cm, T.P는 2~3cm, G.P는 3~4cm 길이로 커트한다.

④ 측두부는 우측에서 좌측으로 지간 깎기를 한다.

⑤ 네이프(4cm) 와 측두부(3cm)는 바리캉를 사용하여 모발을 올려 깎는다.

⑥ 후두부는 B.P의 모발 길이 1cm와 연결하면서 G.P 3~4cm로 연속적으로 올려 깎는다.

⑦ T.P는 모발 길이가 2~3cm로 연속적으로 둥글게 올려 깎는다.

⑧ 네이프 가운데에서부터 좌 · 우측으로 접합부를 자연스럽게 싱글링한다.

⑨ 전두부는 가위를 수평으로 하여 밀어 깎기와 당겨 깎기로 모발 표면을 수정한다.

⑩ 파우더를 모발의 층이 형성된 부분에 바른 후 튀어나온 부위를 세워 깎기 기법으로 모발 표면을 수정한다.

도해도

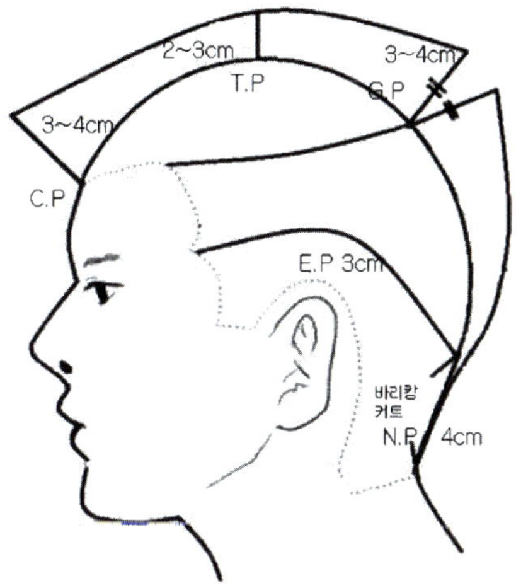

자격 과목	이용사	과제명	정발술	척도	N.S

※ 예시 도면 (라운드 브로스 커트)

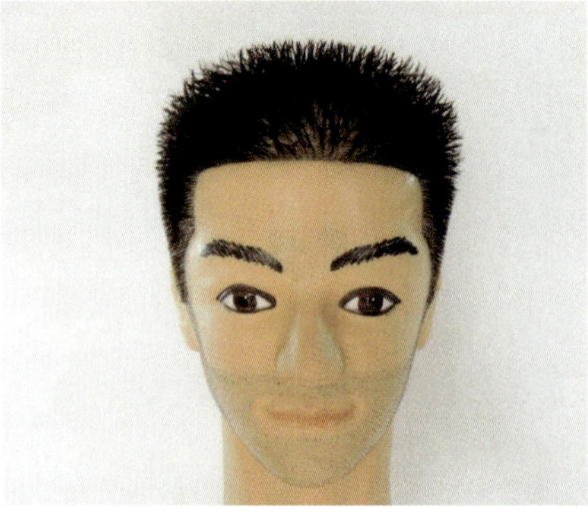

정면

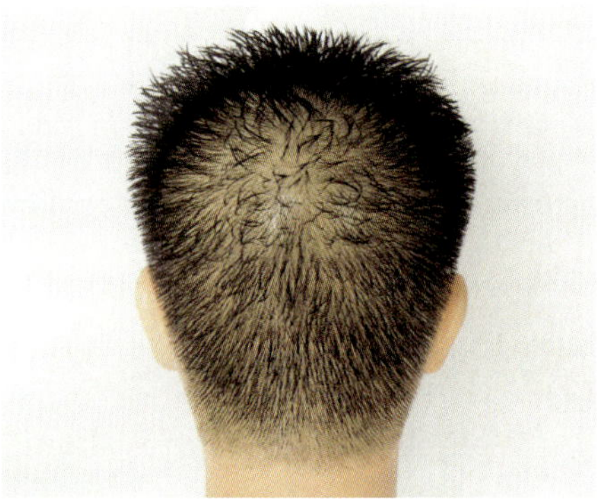

뒷면

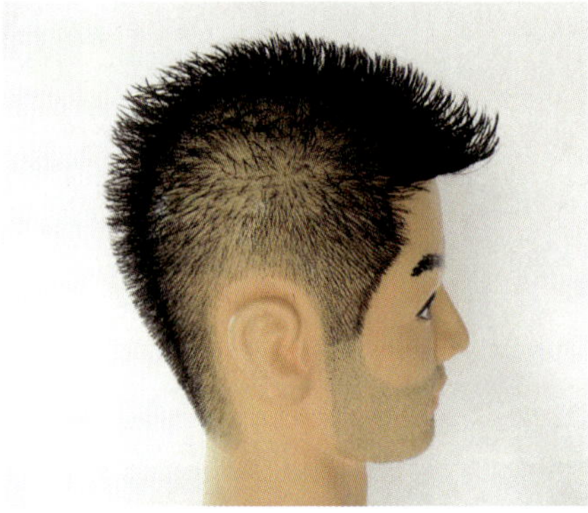

우측

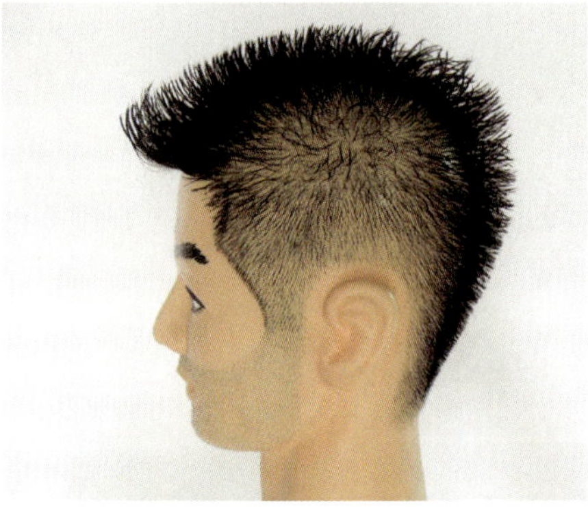

좌측

(출처: 한국산업인력공단 Q-NET 공개자료)

※ 시술 과정 사진을 붙이세요.

①

②

③

④

⑤

⑥

완성(정면)

완성(측면)

완성(뒷면)

CHAPTER

02 아이론(Iron)

아이론을 이용하여 모발에 컬과 웨이브를 만드는 방법이다.

[사전 준비물]

통가발, 스프링홀더, 아이론 12mm (성인 남자의 보통 조발, 장교 머리형), 아이론 6mm(라운드 브로스 커트), 아이론 빗, 아이론 오일

1. 성인 남성의 보통 조발

시술 과정

- 전두부- 우측 사이드 - 좌측 사이드 순

① 아이론 오일을 모발에 도포한다.

② 12mm 아이론으로 C.P에서부터 시작하여 G.P까지 수평으로 9개 와인딩 한다.

③ 우측은 사선으로 와인딩 하며 5번째 와인딩 위치를 C.P 중심의 9번째 부분과 연결시킨다.

④ 좌측도 우측과 같이 동일하게 전대각으로 와인딩 하며, 굵기와 폭이 동일하게 되도록 한다.

도해도

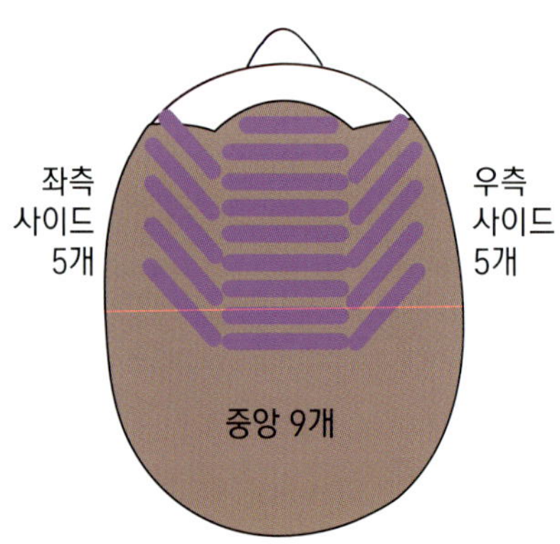

자격 과목	이용사	과제명	아이론	척도	N.S

※ 예시 도면 (성인 남자의 보통 조발)

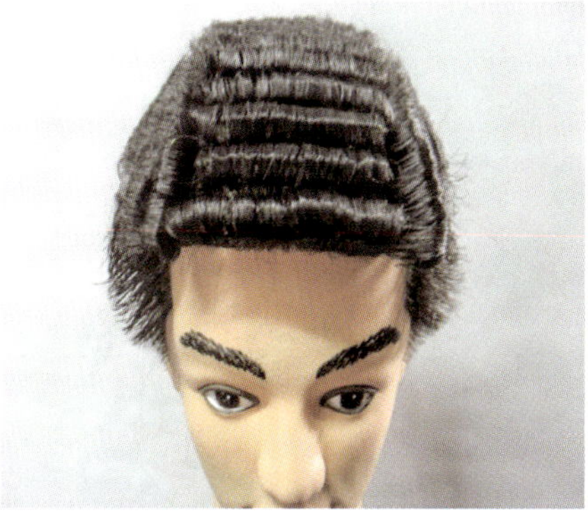

정면

뒷면

우측

좌측

(출처: 한국산업인력공단 Q-NET 공개자료)

※ 시술 과정 사진을 붙이세요.

①

②

③

④

⑤

⑥

완성(정면)

완성(측면)

완성(뒷면)

2. 장교 머리형 아이론

시술 과정

- 전두부- 우측 사이드- 좌측 사이드 순

① 아이론 오일을 모발에 도포한다.

② 12mm 아이론으로 C.P에서부터 시작하여 G.P까지 수평으로 9개 와인딩 한다.

③ 우측은 사선으로 와인딩 하며 5번째 와인딩 위치를 C.P 중심의 9번째 부분과 연결시킨다.

④ 좌측도 우측과 같이 동일하게 전대각으로 와인딩 하며, 굵기와 폭이 동일하게 되도록 한다.

도해도

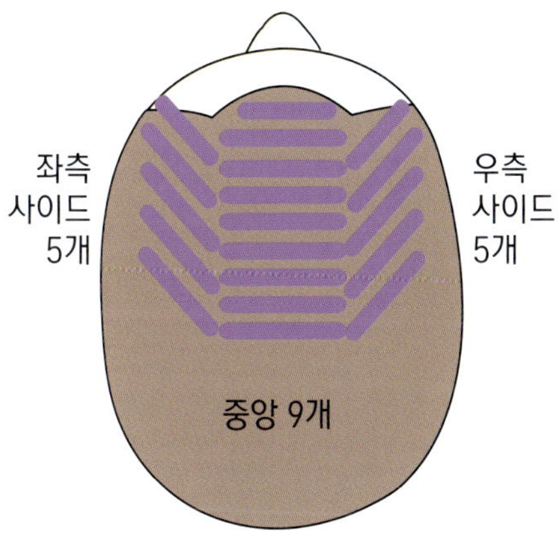

자격 과목	이용사	과제명	아이론	척도	N.S

※ 예시 도면 (장교 머리형)

정면

뒷면

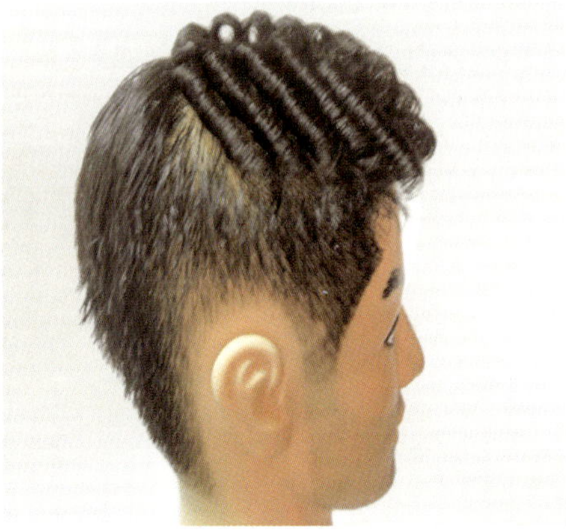
우측

좌측

(출처: 한국산업인력공단 Q-NET 공개자료)

※ 시술 과정 사진을 붙이세요.

①

②

③

④

⑤

⑥

완성(정면)

완성(측면)

완성(뒷면)

3. 라운드 브로스형 아이론

시술 과정

■ 전두부- 우측 사이드- 좌측 사이드 순

① 아이론 오일을 모발에 도포한다.

② 6mm 아이론으로 C.P에서부터 시작하여 G.P까지 수평으로 9개 와인딩 한다.

③ 우측은 사선으로 와인딩하며 5번째 와인딩 위치를 C.P 중심의 9번째 부분과 연결시킨다.

④ 좌측도 우측과 같이 동일하게 전대각으로 와인딩 하며, 굵기와 폭이 동일하게 되도록 한다.

도해도

자격 과목	이용사	과제명	아이론	척도	N.S

※ 예시 도면 (라운드 브로스형)

정면

뒷면

우측

좌측

(출처: 한국산업인력공단 Q-NET 공개자료)

※ 시술 과정 사진을 붙이세요.

①

②

③

④

⑤

⑥

완성(정면)

완성(측면)

완성(뒷면)

03 정발술

MAN'S CUT MAN'S CUT MAN'S CUT MAN'S CUT MAN'S CUT MAN'S CUT MAN'S CUT MAN'S CUT MAN'S CUT

정발술은 '머리형를 만들어 마무리하다'로서 모발에 물리적 변화를 가하여 스타일을 입체적으로 만드는 기술이다.

[사전 준비물]
통가발, 스프링홀더, 이용 드라이기, 포마드, 헤어크림, 빗, 스패튤라, 물티슈 or 화장 티슈, 수건 2장

1. 성인 남성의 보통 조발 정발술

시술 과정

- 가르마- 좌측 측두부- 후두부- 우측 측두부- 두정부- 전두부 순

① 모발에 포마드나 헤어크림을 양 손바닥에 문지른 다음 모발에 고르게 도포한다.
② 7 : 3 좌측 가르마를 탄다. 가르마 선의 좌측 볼륨에 연결하여 좌측 측두부에서 후두부로 이동하며 드라이한다.
③ 후두부의 짧은 모발과 볼륨에 자연스럽게 연결하면서 우측 측두부로 이동하면서 드라이한다.
④ 가르마선의 볼륨과 전두부와 사선 섹션으로 연결하여 앞머리 가운데 볼륨이 앞으로 볼록 나오도록 드라이한다.
⑤ 좌측 측두부를 앞머리의 볼륨과 자연스럽게 연결하여 드라이한다.
⑥ 손바닥으로 형태를 만들어 준다.
⑦ 냉 타월과 드라이어의 열을 이용하여 튀어나온 짧은 모발을 붙여 준다.

도해도

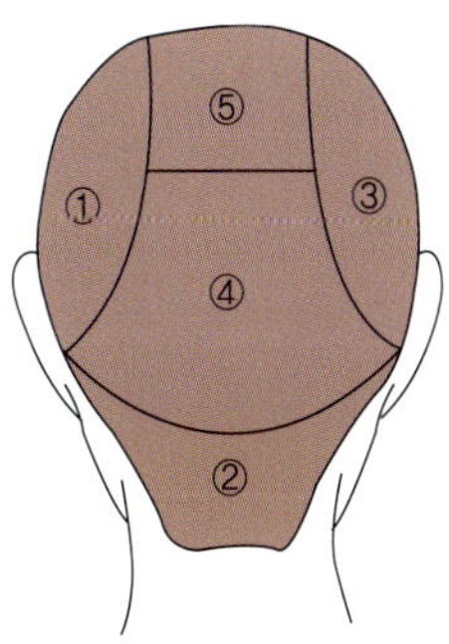

MAN'S CUT

자격 과목	이용사	과제명	정발술	척도	N.S

※ 예시 도면 (성인 남자의 보통 조발)

정면

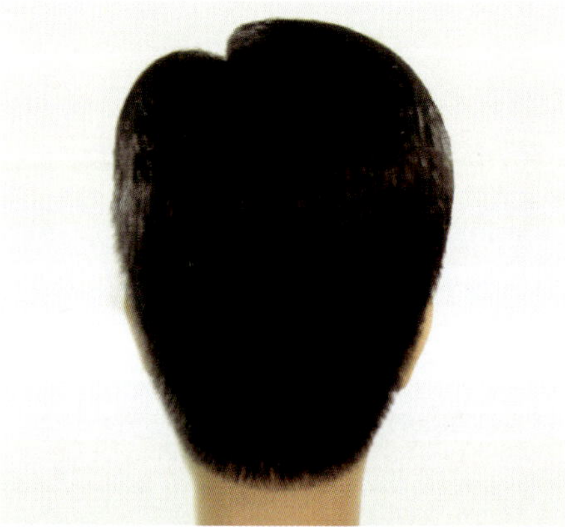

뒷면

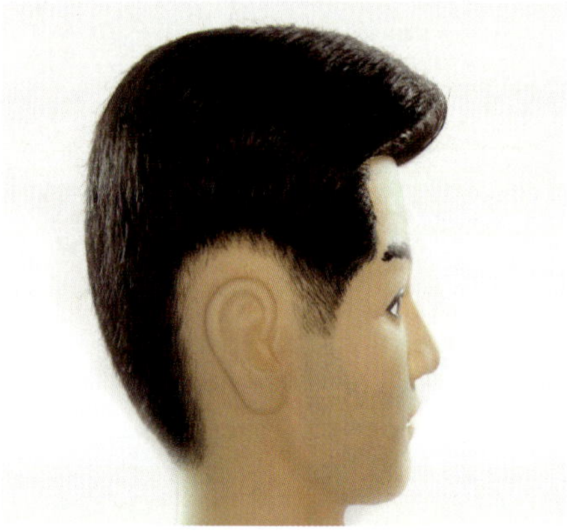

우측

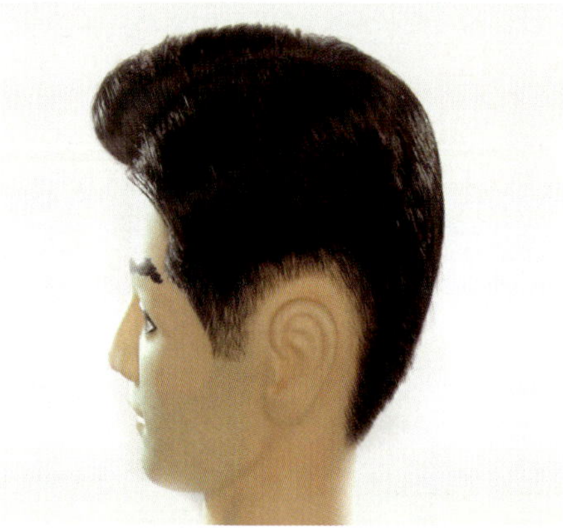

좌측

(출처: 한국산업인력공단 Q-NET 공개자료)

※ 시술 과정 사진을 붙이세요.

①

②

③

④

⑤

⑥

완성(정면)

완성(측면)

완성(뒷면)

2. 성인 남성의 장교 머리 정발술

시술 과정

- 가르마 - 좌측 측두부 - 후두부 - 우측 측두부 - 두정부 - 전두부 순

① 모발에 포마드나 헤어크림을 양 손바닥에 문지른 다음 모발에 고르게 도포한다.

② 7 : 3 좌측 가르마를 탄다. 가르마 선의 좌측 볼륨에 연결하여 좌측 측두부에서 후두부로 이동하며 드라이한다.

③ 후두부의 짧은 모발과 볼륨에 자연스럽게 연결하면서 우측 측두부로 이동하면서 드라이한다.

④ 가르마 선의 볼륨과 전두부와 사선 섹션으로 연결하여 앞머리 가운데 볼륨이 앞으로 볼록 나오도록 드라이한다.

⑤ 좌측 측두부를 앞머리의 볼륨과 자연스럽게 연결하여 드라이한다.

⑥ 손바닥으로 형태를 만들어 준다.

⑦ 냉 타월과 드라이어의 열을 이용하여 튀어나온 짧은 모발을 붙여 준다.

도해도

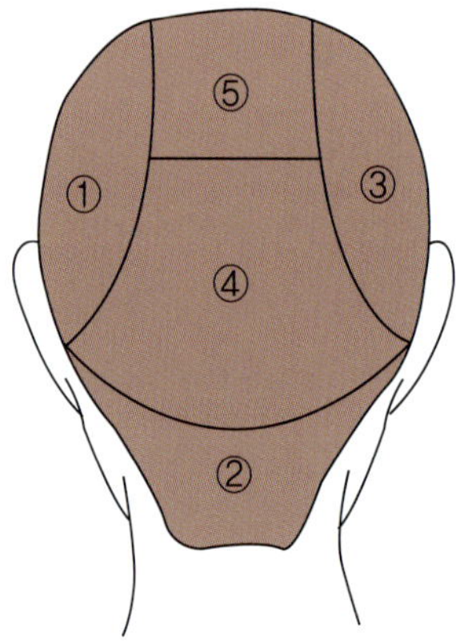

자격 과목	이용사	과제명	정발술	척도	N.S

※ 예시 도면 (장교 머리형)

정면

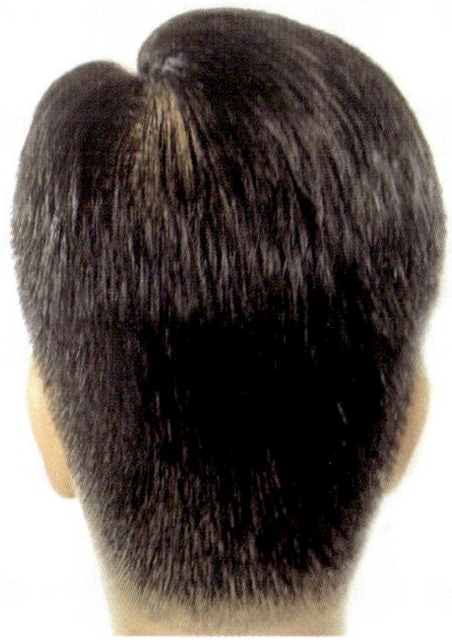

뒷면

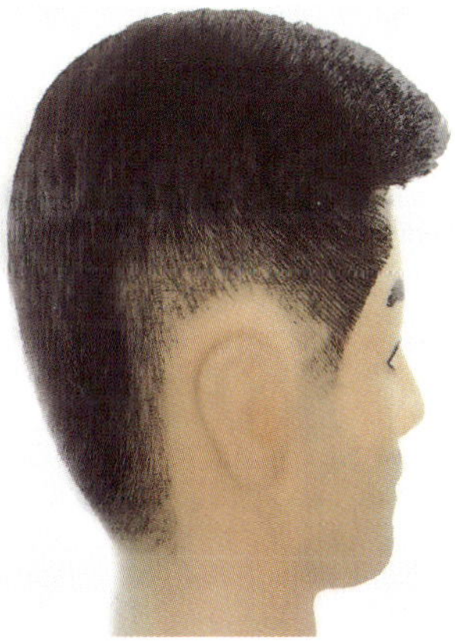

우측

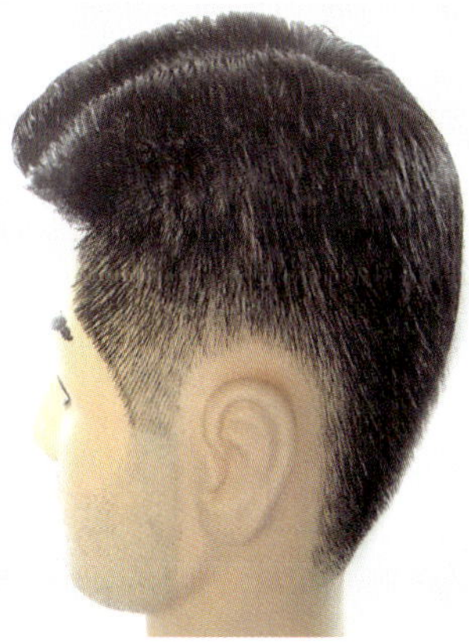

좌측

(출처: 한국산업인력공단 Q-NET 공개자료)

※ 시술 과정 사진을 붙이세요.

①

②

③

④

⑤

⑥

완성(정면)

완성(측면)

완성(뒷면)

MAN'S CUT

이용사 시험정보

국가기술자격 실기시험 문제 ①

자격 종목	이 용 사	과제명	성인 남자의 보통 조발

※ 비번호 :

※ 시험 시간 : [○ 표준 시간 : 1시간 30분, 사전 샴푸 시간 5분 별도) ○ 연장 시간 : 없음]

(1) 요구 사항

※ 다음 요령에 의거 마네킹의 머리를 시술하시오.

순위	작업명	작업 요령	제한 시간	유의사항
1	기구 정비 및 소독술	소독을 적정 비율로 조제한 다음 전기 바리캉의 몸체와 날을 분리하여 소독 후 재결합하시오.	5분	소독약의 취급, 소독약 제조(비율), 소독처리 및 바리캉 재결합에 유의하시오.
2	조발술	전기 바리캉과 가위 등을 사용하여 머리카락이 귀 부분을 덮지 않은 단정한 머리형으로 조발하시오.(넥라인 : 목 뒷부분) 2cm 이하, 사이드 라인 1cm 이하의) 범위로 바리캉을 사용하여 올려 깎기 한 후 바리캉 부위 접합부를 가위로 그라데이션 하시오.	25분	두발은 가지런하고 현대 감각의 자연스러움과 전체적인 색조와 균형이 이루어져야 함. (뒷면도 포함, 바리캉 사용 시 덧날과 빗 사용금지)
3	면체술	마네킹의 얼굴을 면체하시오.	15분	면체술의 제반 원리에 입각하여 시술하시오.
4	세발술	마네킹의 두발을 좌식 세발하시오.	10분	세발 순서의 순서 및 원리에 입각하여 세발하시오.
5	정발술	이용용 드라이어와 일자빗을 사용하여 조발한 두발의 앞머리를 세우고 옆머리를 구부려 정리하시오(단, 가르마는 마네킹의 좌측 7 : 3 가르마로 표현하시오.)	15분	두발의 기초 손질 후 마네킹의 두발 성질에 적합한 정발 용품을 선택하여 사용하되 작품의 초점, 크기, 흐름 및 전체 조화미가 있도록 시술하며 필요 시 작품의 보정을 하시오.
6	아이론	마네킹 천정부(인테리어 라인) 부위의 두발을 아이론 하시오. (사전 샴푸 시간 5분 별도)	20분	와인딩의 배열, 균일성에 유의하여 와인딩 하시오.(아이론 12mm를 사용하여 센터 중심으로 수평 9개 이상, 양쪽 사이드 사선으로 5개 이상 시술하시오.)

(2) 수험자 유의사항

자격 종목	이 용 사	과제명	성인 남자의 보통 조발

가. 수험자는 소독술 작업에서 전기 바리캉 날과 몸체를 분리하여 조제한 소독액에 담궈 소독 후 재결합을 하시오.(단, 윗날은 분해하지 않음)

나. 소독 시 소독제의 자극취를 피하고 제품의 파손이 없도록 주의하시오.

다. 소독액은 크레졸 비누액을 사용하며, 94 : 6의 희석 비율로 희석액을 만들어 바리캉의 날을 소독하시오.

라. 조발 순서는 바르고 체계 있는 순서가 되도록 하고, 바리캉 사용 시 덧날과 빗은 사용하지 마시오.

마. 조발 시 두발 양에 따른 얼굴형과 조화를 위하여 이용용 가위(장가위, 틴닝 가위 등)을 사용하여 작업하시오.

바. 면체 시술 시 이용용 면도날을 사용하며 안전에 유의하여 작업하시오.

사. 화장품을 사용할 때 오염이 없도록 하며, 용기의 파손이 없도록 유의하시오.

아. 다음과 같은 경우는 득점과 관계없이 채점 대상에서 제외되므로 유의하시오.

1) 중도 포기하거나 한 과정이라도 응시하지 않은 경우

2) 수험 중 검정장을 무단 이탈하는 경우

3) 수험 중 타인의 도움을 받거나 타인의 수험에 방해를 한 경우

자. 이용용 드라이기와 아이론은 220V 기기를 사용하시오(단, 110V 기기는 다운트랜스 지참하여 사용 가능함).

차. 바리캉의 경우, 덧날 및 자동 조절 바리캉의 사용을 금하므로 유의하시오.

카. 아이론 과제 시작 전 별도의 사전 샴푸 시간 5분을 부여합니다(성인 남자의 보통 조발 과장교 머리형에만 해당함).

타. 제시된 도구 및 기구 이외의 것을 사용 시, 해당 과제 채점 대상에서 제외됩니다.

국가기술자격 실기시험 문제 ②

자격 종목	이 용 사	과제명	장교 머리형

비번호 :

※ 시험시간 : ○ 표준 시간 : 1시간 30분, 사전 샴푸 시간 5분 별도 ○ 연장 시간 : 없음

(1) 요구사항

※ 다음 요령에 의거 마네킹의 머리를 시술하시오.

순위	작업명	작업 요령	제한 시간	유의 사항
1	기구 정비 및 소독술	소독을 적정 비율로 조제한 다음 전기 바리캉의 몸체와 날을 분리하여 소독 후 재결합하시오.	5분	소독약의 취급, 소독약 제조(비율), 소독 처리 및 바리캉 재결합에 유의하시오.
2	조발술	전기 바리캉과 가위 등을 사용하여 머리카락이 귀 부분을 덮지 않은 단정한 머리형으로 조발하시오.(넥라인 : 목 뒷부분) 3cm 이하, 사이드 라인 2cm 이하의) 범위로 바리캉을 사용하여 올려 깎기 한 후 바리캉 부위 접합부를 가위로 그라데이션 하시오.	25분	두발은 가지런하고 현대 감각의 자연스러움과 전체적인 색조와 균형이 이루어져야 함. (뒷면도 포함, 바리캉 사용 시 덧날과 빗 사용금지)
3	면체술	마네킹의 얼굴을 면체하시오.	15분	면체술의 제반 원리에 입각하여 시술하시오.
4	세발술	마네킹의 두발을 좌식 세발하시오.	10분	세발 순서의 순서 및 원리에 입각하여 세발하시오.
5	정발술	이용용 드라이어와 일자빗을 사용하여 조발한 두발의 앞머리를 세우고 옆머리를 구부려 정리하시오(단, 가르마는 마네킹의 좌측 7 : 3 가르마로 표현하시오.)	15분	두발의 기초 손질 후 마네킹의 두발 성질에 적합한 정발 용품을 선택하여 사용하되 작품의 초점, 크기, 흐름 및 전체 조화미가 있도록 시술하며 필요 시 작품의 보정을 하시오.
6	아이론	마네킹 천정부(인테리어 라인) 부위의 두발을 아이론 하시오. (사전 샴푸 시간 5분 별도)	20분	와인딩의 배열, 균일성에 유의하여 와인딩 하시오. (아이론 12mm를 사용하여 센터 중심으로 수평 9개 이상, 양쪽 사이드 사선으로 5개 이상 시술하시오.)

(2) 수험자 유의사항

자격 종목	이 용 사	과제명	장교 머리형

가. 수험자는 소독술 작업에서 전기 바리캉 날과 몸체를 분리했을 때는 즉시 손을 들어 분리한 것을 시험위원에게 알린 후 계속해서 소독 후 재결합을 하시오. (단, 윗날은 분해하지 않음)

나. 소독 시 약품의 자극취를 피하고 시약병의 파손이 없도록 주의하시오.

다. 소독액은 크레졸 원액 또는 크레졸 비누액을 사용하여 바리캉 기구 소독에 적정한 용도의 희석액으로 만들어 사용하시오.

라. 조발 순서는 바르고 체계 있는 순서가 되도록 하시오.

마. 조발 시 두발 양에 따른 얼굴형과 조화를 위하여 틴닝(집게) 가위를 사용하고, 두발 장단의 자연스러움을 위하여 레이저(면도)를 사용하시오.

바. 면도는 1회용 면도날을 사용하시오.

사. 면체 시술 시 면도날 취급을 조심성 있게 하여 사고에 유의하시오.

아. 화장품을 사용할 때 오염이 없도록 하며, 용기의 파손이 없도록 유의하시오.

자. 다음과 같은 경우는 득점과 관계없이 채점 대상에서 제외되므로 유의하시오.

1) 중도 포기하거나 한 과정이라도 응시하지 않은 경우

2) 수험 중 검정장을 무단 이탈하는 경우

3) 수험 중 타인의 도움을 받거나 타인의 수험에 방해를 한 경우

차. 드라이 사용은 드라이어의 전압이 검정시설 장소의 전압에 사용 가능한 것인지를 확인 후 사용하시오.

카. 바리캉의 경우, 덧날 및 자동 조절 바리캉의 사용을 금하므로 주의하시오.

국가기술자격 실기시험 문제 ③

자격 종목	이 용 사	과제명	라운드 브로스 커트 (둥근 스포츠형)

※ 비번호 :

※ 시험시간 : ○ 표준 시간: 1시간 25분, ○ 연장 시간: 없음

(1) 요구사항

※ 다음 요령에 의거 마네킹의 머리를 시술하시오.

순위	작업명	작업요령	제한 시간	유의사항
1	기구 정비 및 소독술	소독을 적정 비율로 조제한 다음 전기 바리캉의 몸체와 날을 분리하여 소독 후 재결합하시오.	5분	소독약의 취급, 소독약 제조(비율), 소독 처리 및 바리캉 재결합에 유의하시오.
2	조발술	전기 바리캉과 가위 등을 사용하여 머리카락이 귀 부분을 덮지 않은 단정한 머리형으로 조발하시오. (넥라인 : 목 뒷부분) 4cm 이하, 사이드 라인 3cm 이하의) 범위로 바리캉을 사용하여 올려 깎기 한 후 바리캉 부위 접합부를 가위로 그라데이션 하시오.	35분	두발은 가지런하고 현대 감각의 자연스러움과 전체적인 색조와 균형이 이루어져야 함. (뒷면도 포함, 바리캉 사용 시 덧날과 빗 사용금지)
3	면체술	마네킹의 얼굴을 면체하시오.	15분	면체술의 제반 원리에 입각하여 시술하시오.
4	세발술	마네킹의 두발을 좌식 세발하시오.	10분	세발 순서의 순서 및 원리에 입각하여 세발하시오.
5	아이론	마네킹 천정부(인테리어 라인) 부위의 두발을 아이론 하시오.	20분	와인딩의 배열, 균일성에 유의하여 와인딩 하시오. (아이론 6mm를 사용하여 센터 중심으로 수평 9개 이상, 양쪽 사이드 사선으로 5개 이상 시술하시오.)

(2) 수험자 유의사항

자격 종목	이용사	과제명	라운드 브로스 커트 (둥근 스포츠형)

가. 수험자는 소독술 작업에서 전기 바리캉 날과 몸체를 분리했을 때는 즉시 손을 들어 분리한 것을 시험위원에게 알린 후 계속해서 소독 후 재결합을 하시오. (단, 윗날은 분해하지 않음)

나. 소독 시 악품의 자극취를 피하고 시약병의 파손이 없도록 주의하시오.

다. 소독액은 크레졸 원액 또는 크래졸 비누액을 사용하여 바리캉 기구 소독에 적정한 용도의 희석액으로 만들어 사용하시오.

라. 조발 순서는 바르고 체계 있는 순서가 되도록 하시오.

마. 조발 시 틴닝(집게) 가위를 사용을 금한다.

(단, 아이론 전 사전 커트 시에는 틴닝 가위의 사용에 제한을 두지 않는다.)

바. 면도는 1회용 면도날을 사용하시오.

사. 면체 시술 시 면도날 취급을 조심성 있게 하여 사고에 유의하시오.

아. 화장품을 사용할 때 오염이 없도록 하며, 용기의 파손이 없도록 유의하시오.

자. 다음과 같은 경우는 득점과 관계없이 채점 대상에서 제외되므로 유의하시오.

1) 중도 포기하거나 한 과정이라도 불참한 경우

2) 수험 중 검정장을 무단 이탈하는 경우

3) 수험 중 타인의 도움을 빋거나 타인의 수험에 방해를 한 경우

차. 드라이 사용은 드라이어의 전압이 검정 시설 장소의 전압에 사용 가능한 것인지를 확인 후 사용하시오.

카. 바리캉의 경우, 덧날 및 자동 조절 바리캉의 사용을 금하므로 주의하시오.

2. 수검자 지참 공구 목록

자격 종목	이 용 사

일련번호	재료명	규격	단위	수량	비고
1	남성용 마네킹(면체가 가능하고 재질이 부드럽고 말랑한 것)	앞머리 10cm 이상, 뒷머리(발제선 부분)2cm 이상의 면체 시술 가능한 수염이 나 있는 마네킹(수염의 길이는 1cm 이상)	개	1	사전에 약품 처리를 하거나 아이론 작업을 하지 않은 것
2	가 위	이용용	개	1	장가위
3	틴닝 가위(숱가위)	이용용	개	1	
4	빗	조발용(대, 중, 소) 정발용	개	각 1	총 3개 이상
5	이용용 면도기	면체용	개	1	면도날 포함
6	면도컵 및 브러시	면체용	개	각 1	비누 포함
7	커트보	조발용	장	1	
8	샴푸보	세발용	장	1	
9	타 월	흰 색	장	6	6장 이상
10	털 이	조발용	개	1	
11	위생복	이용사용	벌	1	
12	위생마스크	면체용	개	1	흰색
13	분무기	조발용	개	1	
14	화장수(스킨) 및 로션	남성용 50mL/병	병	각 1	사용하던 것도 무방함
15	헤어크림	남성용 50mL/병	병	1	사용하던 것도 무방함
16	포마드	남성용 50mL/병	병	1	사용하던 것도 무방함
17	샴푸액	세발용 50mL/병	병	1	좌식 샴푸용 용기 포함
18	천가분	조발용	세트	1	사용하던 것도 무방함
19	목종이(넥페이퍼)	두루말이	cm	100	사용하던 것도 무방함
20	크리넥스	화장용	장	15	사용하던 것도 무방함
21	크레졸 비누액	기구 소독용 20mL/병	병	1	사용하던 것도 무방함
22	위생봉투	쓰레기 처리용	장	1	투명비닐

23	이용용 헤어드라이어	정발용	개	1	220V용
24	전기 바리캉	건전지용(또는 충전식)	개	1	
25	아이론	6mm, 12mm	개	각1	220V용
26	아이론 오일		통	1	
27	아이론 빗		개	1	
28	다운 트랜스	220→ 110V	개	1	110V용 기구 사용 시
	*1. 각 기구는 완전히 잘 정비된 것이어야 하고 검정 중 고장으로 인한 손해는 수험자 책임				
	2. 크레졸 소독제는 크레졸 비누액(50%)이어야 함.				
	3. 수험자 지침 공구목록 이외에 실기시험에서 요구한 지정 기구에 영향을 주지 않는 범위 내에서 수험자가 이용 작업에 필요하다고 생각되는 도구 및 화장품은 추가 지참할 수 있음.				
	4. 전기 바리캉의 경우 덧날이나 자동 조절 바리캉의 지참 및 사용을 금함.				

3. 실기시험 과제별 배점

구 분		제1과제	제한시간	배점
제1과제	보통 조발	기구 정비 및 소독술	5분	5점
	장교 머리형			
	라운드 브로스 커트			
제2과제	보통 조발	조발술	25분	35점
	장교 머리형			
	라운드 브로스 커트	조발술	35분	55점
제3과제	보통 조발	면체술	15분	10점
	장교 머리형			
	라운드 브로스 커트			
제4과제	보통 조발	세발술	10분	10점
	장교 머리형			
	라운드 브로스 커트			
제5과제	보통 조발	정발술	15분	25분
	장교 머리형			
		샴푸. 사전 커트	10분	-

제6과제	보통 조발	아이론	20분	15점
	장교 머리형			
	라운드 브로스 커트	아이론	20분	20점

4. 단계별 준비 물품

단계	준 비 물 품
기본 준비	통가발(10㎝), 위생복(이용사용), 빗 세트, 장가위, 틴닝 가위, 면도기, 바리캉, 브러시, 기름통, 투명 비닐봉투(소), 타월(12장), 살색 밴드, 정리 케이스 4개, 부직포 가방, 대(大) 타월 1장 외
1단계 (소독술)	크레졸 비누액, 주사기, 스패튤라, 핀셋, 화장솜, 화장 티슈, 바리캉, 바리캉 오일
2단계 (조발술)	■ 조발술 준비물 : 통가발, 장가위, 틴닝 가위, 바리캉, 빗 세트, 분무기, 천가분, 천가분통, 브러시, 목종이(넥페이퍼), 커트보, 타월 2장 ■ 뒷 면체술 준비물 : 면도대, 면도날, 면도컵, 면도솔, 면도 거품기, 비누, 면도 로션
3단계 (면체술)	마스크, 면도대, 면도날, 면도 거품솔, 면도컵, 비누, 대형타월, 타월 4장, 콜드크림, 스패튤라, 화장 티슈, 화장수 스킨, 밀크로션(뒷 면도용), 셰이빙 크림(안면 면도용)
4단계 (세발술)	앞장(샴푸보), 샴푸통, 세발용 브러시, 타월 2장, 분무기
5단계 (정발술)	이용 드라이기, 포마드, 헤어크림, 빗, 스패튤라, 물티슈 or 화장 티슈, 타월 2장
6단계 (아이론)	아이론 12㎜(보통 조발, 장교 머리형), 6㎜(라운드 브로스-스포츠), 아이론 빗, 아이론 오일, 물티슈 or 화장 티슈, 타월 1장

[참고문헌]
DESIGN HAIR CUT, 저자 강갑연, 최은정, 도서출판 광문각, 2011
인텐시브헤어커트, 저자 손지연, 박민서, 이재숙, 최은정, 도서출판 구민사, 2012
남성컷 & 이용사 실기시험, 공복례, 배호, 김경득, 출판사 구민사, 2015
PIVOT POINT SCULPTURE LADIES, 2002, Pivot Point International. inc.
이·미용 남성 헤어스타일 비교와 선호도 연구, 서경대학교 미용예술학석사학위논문, 진영모, 2013
한국미용 100 년, 지자 김수징, 출판사 동서교류, 2005
김이든, 개항이후 남자 모자에 대한연구, 이화여자학교대학원 석사학논문, 2006
국사편찬원회, 한국사데이터베이스<http://db.history.go.kr.>

저자 소개

■ 최은정

- 정화예술대학교 미용예술학부 부교수
- 건국대학교 이학박사
- 국가기술자격검정 미용장
- 국가기술자격검정 이용장
- 한국산업인력공단 이/미용장 감독위원
- 대한민국 대한명인(제 15-449호) : 헤어아트

■ 진영모

- 정화예술대학교 미용예술학부 겸임교수
- 서경대학교 미용예술학 석사
- 국가기술자격검정 이용장
- NCS개발 교육전문가
- 한국산업인력공단 이용장 감독위원

실전 남성커트 & 이용사 실기 실습서

2017년 2월 22일 1판 1쇄 인 쇄
2017년 2월 27일 1판 1쇄 발 행

지 은 이 : 최 은 정 · 진 영 모
펴 낸 이 : 박 정 태

펴 낸 곳 : **광 문 각**

10881
경기도 파주시 파주출판문화도시 광인사길 161
광문각 B/D 4층
등 록 : 1991. 5. 31 제12-484호
전 화(代) : 031) 955-8787
팩 스 : 031) 955-3730
E - mail : kwangmk7@hanmail.net
홈페이지 : www.kwangmoonkag.co.kr

ISBN : 978-89-7093-830-1 93590

값 : 19,000원

한국과학기술출판협회회원
KSPA